# New Wun Ching Developmental Publishing Co., Ltd.

New Age · New Choice · The Best Selected Educational Publications — NEW WCDP

第七版

# 化學實驗

## －環境保護篇

# Chemistry Experiment
## Environmental protection

廖明淵 博士 等 編著

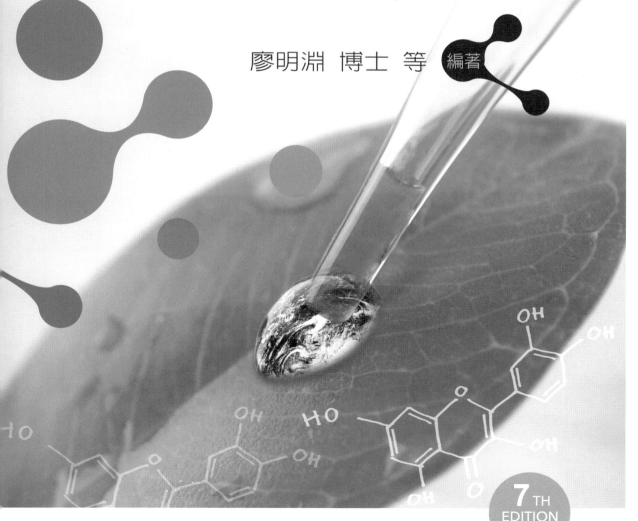

**7TH**
EDITION

CHEMISTRY EXPERIMENT
—Environmental Protection

　　有教育活動就有教育問題，是教育不變的原則；本書作者以其教學經驗與關懷精神，再編輯本書第七版供醫、護、衛生、生技及食品類等科技大學（技術學院）各系化學實驗課程之用，以學生的學習能力為基礎，啟發學生的興趣、思想和能力，就教育的學習效果而言，可「培養學生對化學現象的觀察、推理、判斷能力」；俾便藉此擴張學習經驗以增進知識，不待學生憤悱而發，深契聖人「因材施教」之肯綮，於傳統的教材教法上注入一股活潑的教學生機。

　　新版書中刪除傳統的不合時宜的實驗，新增較新穎的實驗，提升學生的學習興趣。實驗分析方法，配合新潮流趨勢，改用改良指示劑方法，提升實驗準確度。亦增列最新版丙級化學技術士術科試題詳細解析，可加強同學報考證照操作的實力。

　　此外，書中「採用替代實驗，刪除對環境汙染較嚴重的實驗，避免產生廢水汙染，造成日後處理的困擾，期以最少的藥品完成化學實驗」，可謂符合「檢廢、減廢、減費」的管理原則，從源頭減少廢棄物的產生和危害性開始，達到減少環境汙染和減少費用的多重效益。

　　其實環境保護教育是邁向二十一世紀全球關心的課題，諸如地球溫室效應、臭氧層的破壞、海洋的汙染、能源與資源危機等；這些問題不單獨以自己國家採取行動就能解決，必須國際間相互合作來完成；人類在二十一世紀以前挾科技文明對地球所做的破壞，如何能在二十一世紀做人文的關照與彌補，正考驗地球村所有人的智慧；作為教育工作者尤應有前瞻性的眼光，培養學生世界觀的胸襟與器識，使年輕一代的學子都能具備必須的知識、技能以及正確的人生態度，以便在資源有限、種族分離、文化多元及人與人相互依賴程度和範圍日增的社會，過更有效率的生活，並適當扮演世界公民的角色。

　　作者於教學研究之餘，秉其信心與熱忱再編輯本書第七版，與世界教育潮流並驅，我深感欣喜，因此樂予為序以貽之。

國立清華大學　化學系教授兼理學院院長

劉如山

誌於化學館　2019 年　春

　　本書共有 30 個實驗、10 個有趣的化學實驗及最新版丙級化學技術士術科考題詳細解析,供醫、護、生技、食品及衛生類科技大學各系第一學年上、下學期,每週 2~3 小時化學實驗使用,以及同學準備丙級化學士考試參考之用。本書之課程目標和化學課的講授互相配合,使學生了解各原理的應用,培養學生對化學現象之觀察、推理、判斷,並實習化學實驗之基本操作技術及撰寫實驗報告之能力。本書盡量配合學校實驗室之設備,力求設備簡單,操作容易,所使用之藥品亦盡量節省,並刪除對環境汙染較嚴重之實驗,盡量採用替代實驗,避免產生汙染,造成日後處理的困擾。使其能以最少之經費,最簡單之儀器完成化學實驗為原則。

　　新版書刪除傳統不合時宜的實驗,新增較新穎的實驗,並特地選取多種有趣實用之實驗,提升學生的學習興趣。實驗分析方法,配合新潮流趨勢,改用改良指示劑方法,提升實驗準確度。實驗編排循序漸進,內容深入淺出,實驗設計操作簡單,適合大多數科系。書中實驗所需設備、器材、藥品簡單而普遍,準備工作輕鬆不繁雜。本書之實驗,包括化學實驗之基本操作,探求化學原理方面之實驗,熟習各種化學現象之實驗及化學應用方面之實驗。實驗題材適合普通化學,教師可依據科系屬性,增刪或調整實驗項目。本書每一實驗中均列有:目的、原理、藥品及儀器、實驗步驟等四項。學生應在實驗之前,預習其原理,則可得事半功倍之效。本書每一實驗之後,均附有實驗結果報告格式,可供學生直接填寫或另用學校指定之實驗報告紙,照此形式填寫實驗結果及研討問題事項,繳給老師批閱,以求報告單之形式,大小劃一。本書匆促付印,書中誤謬疏漏之處,在所難免,尚祈諸位先進,惠予斧正。

編著者 謹序

1. 實驗室中，應保持肅靜，嚴守秩序，不准大聲談笑喧嘩，重步奔跑嬉戲。並保持實驗桌面，瓦斯開關，本生燈等器材之完整與清潔。

2. 學生應穿著實驗衣以保護皮膚與衣服。蓄長髮者應予適當紮束。

3. 忌勿在實驗室中吃東西或抽菸，以維護安全及衛生。

4. 公用的儀器及藥品，使用後仍置原處。

5. 使用藥品時不可將過剩之藥品傾回藥瓶，並注意不可用同支滴管吸取兩種以上的試藥。

6. 勿將火柴硬梗、紙張或其他固體廢棄物傾入水槽內，應將此等物放入指定垃圾桶內。

7. 實驗完畢後，須將儀器洗擦清淨，放置原處。

8. 實驗完畢後，將儀器用具清洗後放歸原處，清理實驗桌、水槽及地面，並且於離開實驗室前，關閉自來水、瓦斯與電源開關。

9. 每次實驗完畢，由值日組清掃實驗室及整理公用藥品。清掃整理完畢報告老師，始得離開實驗室。

10. 實驗時請恪遵實驗室安全守則，未經許可的實驗，絕對禁止。實驗室的儀器及物品未經許可，嚴禁攜出室外。實驗時確實遵照教師指導。

　　化學實驗室雖非為危險的場所，惟在實驗時卻須要求相當謹慎，使其成為一安全的地方。下述幾項為須特別注意的安全防護須知。

1.　使用危險的化學藥品時，應配戴安全眼鏡；必要時應使用橡皮手套。

2.　本生燈千萬不可互點，宜用點火槍或火柴點燃。用本生燈加熱，遇風大或天冷時，絕不可將門窗緊閉。若遇煤氣漏氣時，迅速報告教師或助教檢修。

3.　避免直接和有機藥品接觸，許多藥品可直接被皮膚吸收進入體內，實驗完畢應養成洗手的習慣。

4.　遇不慎起火時，視火災情況適時選用濕布、防火氈、防火砂或滅火器將之撲滅。須知各種防火器材的放置位置，並熟悉其使用方法。

5.　如欲將玻璃管或溫度計插入橡皮塞的孔中時，不可強行插入，應先將橡皮塞中的導孔用水或甘油等潤滑劑濕潤，再用布包裹後，緩慢扭轉插入，以免玻璃管折斷傷手。

6.　非經實驗指定，切勿將化學藥品或溶液以口嚐試。

7.　聞嗅任何物質的氣味時，切勿將鼻孔正對容器口吸氣，應在容器口上方揮動手掌，把少許蒸氣，扇至鼻孔處嗅之。以免有中毒之危險。

8.　試管中盛有試藥或溶液在火焰上加熱時，注意試管口勿面向自己或指向他人，以防暴沸(bumping)噴出的液體，危害人體。

9.　切勿將盛有試藥的量筒或試藥瓶予以直接加熱以防破裂造成傷害。

10.　加熱後之器材未冷卻前，不可用手觸摸，以免灼傷。

11.　勿以溫度計、吸管、滴管及藥匙等用做攪拌之用。

12.　稀釋濃硫酸時，切勿將水加入硫酸中，否則將因急劇放熱沸騰飛濺或炸裂容器，而發生危險。切記！應將濃硫酸緩緩注入水內，且不停地加以攪拌。

# 目 錄
## CONTENTS

## UNIT 03　有趣的化學實驗　　　239

'01
UNIT

# 實驗基本知識

**CHEMISTRY EXPERIMENT**
ENVIRONMENTAL PROTECTION

# 第一章

# 基本概念

## 第一節　化學式的書寫

## 一、化學式

1. 用元素符號來表示物質的組成的各種式子，統稱為 [化學式](Chemical formula)。

    \*\*\*重要的化學式有：(1)實驗式；(2)分子式；(3)示性式；(4)結構式；(5)電子點式（實驗 30）。

2. [化學式量](Chemical formula weight)乃該化學式中各元素原子量之總和，以 [克]為單位的式量，稱為[克式量]。

    例如：$CuSO_4$ 的式量為 $64+32+4\times16=160$

    　　　$CuSO_4\cdot5H_2O$ 的式量為 $64+32+4\times16+5(2\times1+16)=250$

## 二、分子式的寫法

1. 金屬元素的符號寫在前面，非金屬元素的符號寫在後面。

    例如：NaCl，KBr

2. 氧化物中氧的符號寫在化學式後面。

    例如：CaO，$Al_2O_3$

3. 有些表現集合性質的原子團稱 [根] 寫在後面，如硫酸根($SO_4^{-2}$)，碳酸根($CO_3^{-2}$)，硝酸根($NO_3^-$)，氫氧根($OH^-$)。

    例如：$Ca(OH)_2$，$KNO_3$

    註　但 $NH_4$ 根例外，例如：$NH_4Cl$（氯化銨）

4. 含碳的有機化合物之化學式中，由左而右按[碳]、[氫]、[氧]的順序書寫。

例如：$CH_4$，$C_2H_6$，$C_6H_{12}O_6$，$C_{12}H_{11}O_{22}$

5. 寫中文的名稱則和寫符號的順序相反（某化某）。

例如：HCl（氯化氫），PbS（硫化鉛），$CO_2$（二氧化碳）

6. 酸的化學式：氫在左邊→[氫+非金屬]或[氫+酸根]。

例如：HCl 水溶液→氫氯酸　　　$H_2SO_4$ 水溶液→硫酸

$H_3PO_4$ 水溶液→磷酸　　　$H_2S$ 水溶液→氫硫酸

$HNO_3$ 水溶液→硝酸

7. 原子價與根價表：原子有原子價，根也有根價，下表乃是一些重要的原子價及根價。

**表 1　常用之原子價及根價**

| 陽離子（正離子） | | 陰離子（負離子） | |
|---|---|---|---|
| +1價 | 氫 $H^+$　　亞銅 $Cu^+$<br>鈉 $Na^+$　　鉀 $K^+$<br>銨 $NH_4^+$　　銀 $Ag^+$<br>鋰 $Li^+$ | −1價 | 氟 $F^-$　　　氫氧根 $OH^-$<br>氯 $Cl^-$　　　硝酸根 $NO_3^-$<br>溴 $Br^-$　　　醋酸根 $CH_3COO^-$<br>碘 $I^-$　　　過錳酸根 $MnO_4^-$<br>碳酸氫根 $HCO_3^-$　　硫氫根 $HS^-$<br>氯酸根 $ClO_3^-$　　亞氯酸根 $ClO_2^-$<br>次氯酸根 $ClO^-$　　過氯酸根 $ClO_4^-$<br>亞硝酸根 $NO_2^-$　　草酸氫根 $HC_2O_4^-$<br>磷酸二氫根 $H_2PO_4^-$<br>硫酸氫根 $HSO_4^-$　　亞硫酸氫根 $HSO_3^-$ |
| +2價 | 鎂 $Mg^{+2}$　　銅 $Cu^{+2}$<br>錳(II) $Mn^{+2}$<br>鈣 $Ca^{+2}$　　汞 $Hg^{+2}$<br>鋅 $Zn^{+2}$　　亞鐵 $Fe^{+2}$<br>鋇 $Ba^{+2}$　　鉛 $Pb^{+2}$<br>亞汞 $Hg_2^{+2}$<br>鉻(II) $Cr^{+2}$<br>錫(II) $Sn^{+2}$ | −2價 | 氧 $O^{-2}$　　草酸根 $C_2O_4^{-2}$<br>硫 $S^{-2}$　　錳酸根 $MnO_4^{-2}$<br>碳酸根 $CO_3^{-2}$　　亞硫酸根 $SO_3^{-2}$<br>硫酸根 $SO_4^{-2}$<br>鉻酸根 $CrO_4^{-2}$　　重鉻酸根 $Cr_2O_7^{-2}$<br>磷酸氫根 $HPO_4^{-2}$ |
| +3<br>+4價 | 鋁 $Al^{+3}$　　鈷 $Co^{+3}$<br>鐵 $Fe^{+3}$　　鎳 $Ni^{+3}$<br>錫(IV) $Sn^{+4}$ | −3價 | 氮 $N^{-3}$　　硼酸根 $BO_3^{-3}$<br>磷 $P^{-3}$　　磷酸根 $PO_4^{-3}$ |

8. 利用原子價寫化學式

其步驟如下：

(1) 寫出每一元素的化學符號。

(2) 在每一元素符號上面寫其原子價。

(3) 在每一元素符號右下角寫上原子數目，使兩元素的原子數與原子價的乘積相同（原子數為 1 時可省略）。

(4) 刪去原子價即得化學式。

例：氯化鋁⇒Al，O → $Al^{+3}$，$O^{-2}$ → $(Al^{+3})_2$，$(O^{-2})_3$ → $Al_2O_3$

# 三、常見化學式的命名

1. **含氧酸**：依所含氧原子之多少命名。

**表 2　含氧酸之命名**

| 過某酸 | $HClO_4$ | —— | —— | —— | $HMnO_4$ | —— | —— | —— |
|---|---|---|---|---|---|---|---|---|
| 某　酸 | $HClO_3$ | $H_3PO_4$ | $H_2SO_4$ | $HNO_3$ | $H_2MnO_4$ | $H_2CO_3$ | $H_2C_2O_4$ | $H_3BO_3$ |
| 亞某酸 | $HClO_2$ | $H_3PO_3$ | $H_2SO_3$ | $HNO_2$ | | | | |
| 次某酸 | $HClO$ | $H_3PO_2$ | | | | | | |

2. **氫酸**：氣態或液態純質常稱為[某化某]，其水溶液稱為[氫某酸]。

**表 3　不含氧酸之命名**

| 化學式 | 氣態或液態純質 | 水溶液 |
|---|---|---|
| HF | 氟化氫 | 氫氟酸 |
| HCl | 氯化氫 | 氫氯酸 |
| HBr | 溴化氫 | 氫溴酸 |
| HI | 碘化氫 | 氫碘酸 |
| $H_2S$ | 硫化氫 | 氫硫酸 |
| HSCN | 硫氰化氫 | 硫氰氫酸 |
| HCN | 氰化氫 | 氫氰酸 |

## 第二節　有效數字的認識

　　如何在實驗中，記錄一個指示實驗測量可能不準度的簡單方法，較常用的方法是[有效數字規則](significant-figure convention)，可實地反映誤差的大小。

# 一、有效數字概念

1. 有效數字與數學上使用的數字有著不同的意義，數學上的數只表示大小，而有效數字則不僅表示量的大小，測定數據的可靠程度，而且反映所用儀器和實驗方法的準確程度如：取食鹽 5.6 克，此說明食鹽重 5.6 克亦表明用感量 0.1 克的臺秤稱量。若對感量為 0.0001 克的分析天平，稱 5.6000 克的 NaCl 將其記為 5.6 克，則相對誤差由$(0.0001/5.6000) \times 100\% = 0.002\%$增為$(0.1/5.6) \times 100\% = 2\%$，所以記錄數據不能亂寫。

2. 測量數據皆有其不準確，所以任何一測量數必含有準確值與估計值，有效數字＝「精確數字」＋「一位估計數字（可疑數字）」（注意，只有最後一位數是可疑的）。因測量時儀器有最小單位，所以測量值中最後一位（最小單位後一位）為估計值，此值大小因人而異，故不準。因此有效數字保留位數，應當根據實驗方法和儀器的準確度而定。有效數字越多，表示所用測量單位越小，測量值越準。

3. 有效數字的判定原則：

   (1) 異於零的數字(1~9)，無論在何處出現，均為有效數字，有效數字位數等於所含數字個數如：12.3，11.9 均為三位有效數字。

   (2) 「0」的判定

   ① 純小數：小數點右端異於零的數之後，所有零均為有效。

   　　例：0.12030（五位），0.2200（四位），0.240（三位）

   ② 純小數：小數點在右端到異於零的數之間的所有零均為無效。

   　　例：0.00224（三位），0.00003450（四位）

   ③ 帶小數＝整數＋小數：任何數均為有效，例：20.0012030（九位）。

   ④ 純整數：出現在整數末端的「0」，依其準確性而定其有效或無效數字，若欲表明有效須改用科學計數法表示。一般習慣乘冪不列入有效數字，例：$9.56 \times 10^4$ 為三位有效數字。

如：1,880,000，可能為三、四、五、六位甚至七位。這種數應根據有效數字的情況改寫為指數形式。如為三位有效數字，則寫為 $1.88×10^6$；如為五位有效數字，則寫為 $1.8800×10^6$ 等等。

(3) 非測量數不受有效數字限制，有效數字位數可視為無窮多。

① 倍數：如 $2πr$ 中的 2，KE=1/2mu 的 1/2 均為精確數字。

② 單位累進：1 Kg =1000 g，1 L =1000 mL，1 yd =3 ft，1 mile =5280 ft 均為精確數字。

③ 有特殊可以計數單位者，如：35 本書，4000 張紙，20 打筆均可視為精確數字。

## 二、有效數字的運算規則

### 1.加減法

(1) 將各數小數點對齊。

(2) 用加減法求其值。

(3) 以小數點後位數最少為準（不準確數字最「早」出現的位置）。

(4) 利用四捨六入法歸整求值。

如：4.123 + 0.01476 + 0.6731 = ?

（可疑數以「?」在數字下表示）

$$
\begin{array}{r}
4.123 \\
0.01476 \\
+\ 0.6731 \\
\hline
4.8106 \rightarrow 4.811 \\
??
\end{array}
$$

在這裡，數字 4.123 的絕對誤差是最大，為±0.001。該數中的「3」已是可疑數，相加後的 4.81086 中的數字「0」也是可疑的。所以「0」後邊再多保留幾位數字已無意義，因此依有效數字歸整法則，結果應 4.811（其絕對誤差為±0.001）。

### 2.乘除法

(1) 利用乘除法求積或商。

(2) 積或商的有效數字不超過各成分之最少位數。

(3) 一般採用簡便法，即積或商的有效數字＝有效數字最少的數的位數（即結果的相對誤差應與各數中相對誤差最大的部分相對應）。

(4) 利用四捨六入法歸整求值。

如：$478.84 \times 2.5 = ?$

$$
\begin{array}{r}
478.84 \\
\times \quad 2.5 \\
\hline
239420 \\
95768 \quad \\
\hline
1197.100 \rightarrow 1.2 \times 10^3 \\
??? \ ???
\end{array}
$$

顯然在數字 2.5 中的 5 是可疑數字，相乘後的 1197.100 中的第二數字「1」也是可疑的。它們的相對誤差分別為：

2.5：$\pm (1/25) \times 100\% = \pm 4\%$

478.84：$\pm (1/47884) \times 100\% = \pm 0.002\%$

因此依有效數字歸整法則，結果應為 $1.2 \times 10^3$（其相對誤差為 $\pm 4\%$，與 2.5 的相對誤差相對應）。

**(5) 計算有效數字位數時，若數據的首位等於 8 或大於 8，其有效數字可多保留一位，如：9.37 實際上雖只有三位有效數字，但已接近於 10.00，故可視為四位有效數字。如：$1.031 \times 9.91 = 10.2172$ 依有效數字歸整法則，結果應為 10.22，不應寫為 10.2。

## 3. 對數

(1) 進行對數運算時，對數值的有效數字只由尾數部分的位數決定，首數部分為 10 的冪數，不是有效數字。如：$\log 3.00 \times 10^6 = \underline{6.477}$。

(2) 對數尾數的有效數字應與真數的有效數字位數相同，如：2345 為 4 位有效數字，其對數 $\log 2345 = 3.3701$，尾數仍保留 4 位，首數「3」不是有效數字，因而不能認為是 5 位有效數字，也不能記成 $\log 2345 = 3.370$，後者只有 3 位有效數字，與真數的有效數字位數不一致。

(3) 化學上 pH 值的計算，假若$[H_3O^+]=4.9\times10^{-11}M$，此為兩位有效數字，所以 pH$=-\log[H_3O^+]=-\log4.9\times10^{-11}=10.31$，有效數字仍只有 2 位。

(4) 若 pH$=1.31$，則$[H_3O^+]=10^{-1.31}M=4.9\times10^{-2}M$，不能記為 $4.898\times10^{-2}M$ 或 $4.90\times10^{-2}M$。

## 三、有效數字的歸整法

1. 刪除「末」位數時採四捨六入五成雙法（奇進偶捨）。
   (1) 32.64 →（歸成三位）四捨→ 32.6
   (2) 32.66 →（歸成三位）六入→ 32.7
   (3) 32.75 →（歸成三位）五成雙→ 32.8
   (4) 32.65 →（歸成三位）五捨→ 32.6

2. 「非最末」位數刪除時採四捨五入法。
   (1) 2.3456 →（歸成三位）→ 五入→ 2.35
   (2) 1.2345 →（歸成三位）→ 四捨→ 1.23

3. 不可連續進位：如：13.4556→（歸成二位）→ 13（正確）
   13.4556→ 13.456→ 13.46→ 13.5→ 14（錯誤）歸整只一次

## 第三節　pH 值：酸鹼值簡易計算

　　化學家以氫離子$(H_3O^+)$濃度為基礎，設計出一種表示溶液的酸度或鹼度的刻度，其稱為 pH 值，又稱 P 函數（power、次方、乘冪）其計算如下：

$$pH=-\log[H_3O^+] \qquad pOH=-\log[OH^-]$$
$$pK_w=-\log K_w \qquad pH+pOH=pK_w$$
$$25℃ \qquad pH+pOH=14$$

　　pH 值：一種表示溶液的酸度或鹼度的進位法

　　pH < 7：酸性溶液，pH > 7：鹼性溶液，pH = 7：中性溶液

## （一）由[H₃O⁺] 求 pH 值：簡易計算

| 定義 | 若$[H_3O^+] = a \times 10^{-b}$ M， pH = b $-$log a |
|---|---|
| 實例 1 | $[H_3O^+] = 2 \times 10^{-3}$ M，pH = 3 $-$ log2 = 3 $-$ 0.301 = 2.699 |
| 實例 2 | pH=2.4，pH=3 $-$ 0.6 =3 $-$ 2log2 =3 $-$ log4<br>$[H_3O^+]$ =4×10⁻³ M |

log2 = 0.3010    log3 = 0.4771    log5 = 0.6990    log7 = 0.8451

$[H_3O^+]= 2 \times 10^{-5}$ M => pH= 5 $-$ log2 = 5 $-$ 0.3010 = 4.6990

$[H_3O^+]= 5 \times 10^{-6}$ M => pH= 6 $-$ log5 = 6 $-$ 0.6990 = 5.3010

pH= 5.31 = 6 $-$ 0.69= 6 $-$ log5 => $[H_3O^+] = 5 \times 10^{-6}$ M

pH=6.52 =7 $-$ 0.47=7 $-$ log3 => $[H_3O^+] = 3 \times 10^{-7}$ M

## （二）由 pH 計算[H₃O⁺]

範例：一溶液之 pH 值為 4.70，試計算其 $H_3O^+$ 之濃度？

| 方法 1：簡易計算 | 方法 2：10⁻ˣ 函數 |
|---|---|
| pH = 4.70 | pH = $-$log[H₃O⁺] |
| 4.70= 5 $-$0.3 = 5$-$log2= b $-$log a | 4.70 = $-$log[H₃O⁺] |
| $[H_3O^+]$=2×10⁻⁵ M | $10^{-4.70}$ = [H₃O⁺]=2.0×10⁻⁵ M |

pH= 5.31 = 6 $-$ 0.69= 6 $-$ log5 => $[H_3O^+] = 5 \times 10^{-6}$ M

pH=6.52 =7 $-$ 0.47=7 $-$ log3 => $[H_3O^+] = 3 \times 10^{-7}$ M

▶ 第二章

# 化學實驗常用器皿介紹

燒杯(Beaker)

錐形瓶(Erlenmeyer Flask)

吸濾瓶(Filter flask)

滴瓶(Dropper bottle)

研缽(Mortar)

表玻璃 (Watch glasses)

蒸發皿 (Evaporating dish)

泥三角(Clay triangle)

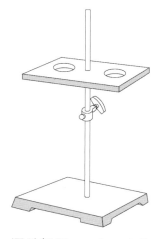

漏斗架(Funnel stand)

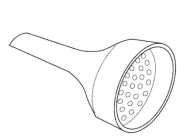

布氏漏斗(Buchner funnel)

漏斗(Funnel)

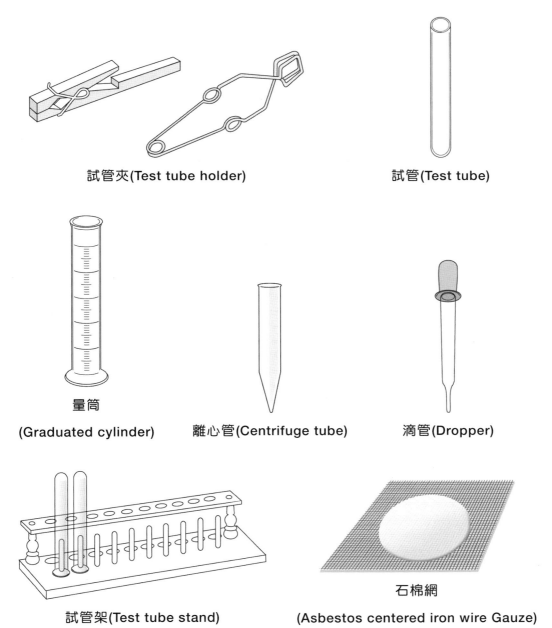

試管夾(Test tube holder)

試管(Test tube)

量筒
(Graduated cylinder)

離心管(Centrifuge tube)

滴管(Dropper)

試管架(Test tube stand)

石棉網
(Asbestos centered iron wire Gauze)

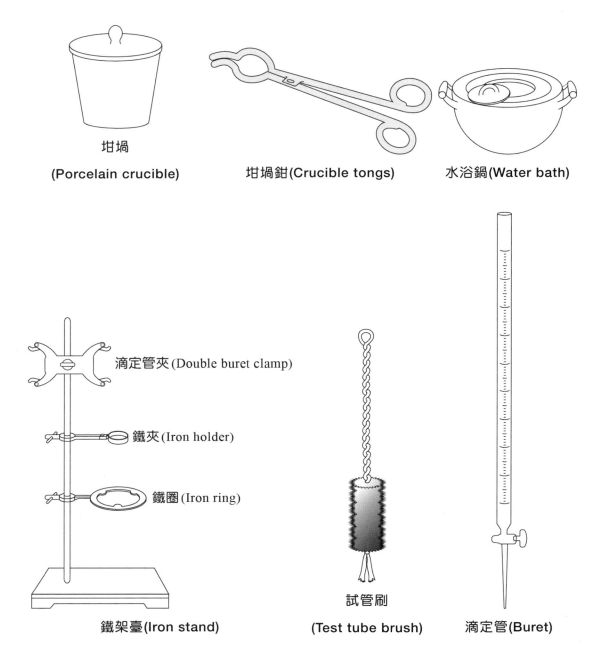

坩堝
(Porcelain crucible)

坩堝鉗(Crucible tongs)

水浴鍋(Water bath)

滴定管夾(Double buret clamp)

鐵夾(Iron holder)

鐵圈(Iron ring)

鐵架臺(Iron stand)

試管刷
(Test tube brush)

滴定管(Buret)

# 第三章

# 基本操作

## 第一節 本生燈的操作

　　在化學實驗室裡，經常需用到較高溫度的火焰，以因應實驗上的需要。因此必須了解本生燈（圖 1）的基本構造及其操作。本生燈的內部構造如何呢？如圖 2 所示。

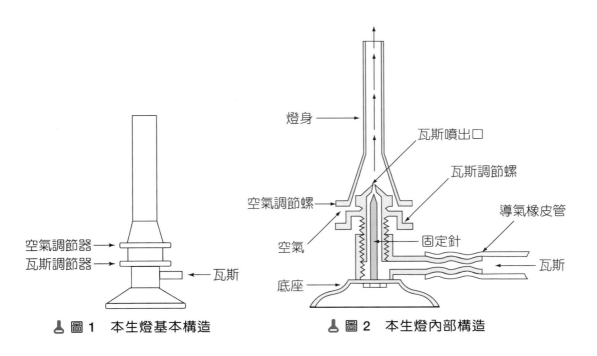

♨ 圖 1　本生燈基本構造　　　　♨ 圖 2　本生燈內部構造

　　瓦斯由導氣橡皮管經本生燈底部側管進入，當瓦斯調節螺逆時針（即向上）旋轉時則瓦斯噴出口與固定針之間隙將逐漸增大，而使瓦斯進入燈身；反之當瓦斯調節螺順時針（即向下）旋轉時，則瓦斯噴出口與固定針之間隙將逐漸密合，而阻止瓦斯進入燈身。因此，控制瓦斯調節螺，即可達到開關瓦斯及控制瓦斯流量之目的。又當逆時針（即向上）旋轉空氣調節螺時，則空氣將從調節螺間隙進

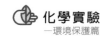

入燈身；反之，當順時針（即向下）旋轉空氣調節螺時，則間隙將逐漸密合而阻止空氣進入燈身。因此，控制空氣調節螺，即可達到開關空氣及控制空氣流量之目的。

　　如何正確地使用本生燈呢？本生燈所用的燃料有三種，即煤氣（主成分為甲烷、一氧化碳、氫氣等）、天然氣（主成分為甲烷）和液化石油氣（主成分為丙烷、丁烷），一般統稱之為瓦斯。本生燈之使用須依下列步驟：(1)先關閉所有旋塞。(2)以橡皮管或塑膠管將其連接於實驗桌的瓦斯出口。(3)打開實驗桌瓦斯口的旋塞。(4)點火移近本生燈的燈口處，同時旋開瓦斯調節螺（此時火焰呈黃色）。(5)調整空氣調節螺，使焰色呈藍色而吼聲最小。本生燈的最理想火焰應為外焰淺紫紅色，內焰淺藍綠色。此兩種火焰的中間部分溫度最高（圖3），是玻璃加工最理想的加熱區域。

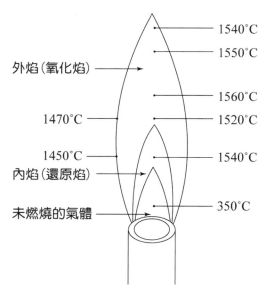

外焰（氧化焰）　　　　　1540°C
　　　　　　　　　　　　1550°C
　　　　　　　　　　　　1560°C
1470°C　　　　　　　　　1520°C
1450°C　　　　　　　　　1540°C
內焰（還原焰）
未燃燒的氣體　　　　　　350°C

**🔥 圖3　本生燈火焰溫度分布狀況**

## 第二節　上皿式電動天平的使用（圖4）

1.簡單稱重

　(1) 先啟動開關，螢幕上會顯出「8.8.8.8.8.8.8.」。

　(2) 按數次「mode」按扭，選擇重量模式，螢幕上出現「0.00g」。

(3) 打開防塵窗，將待測物置於稱盤上，關窗，待數字穩定後讀出數值，即為該物品之重量。

(4) 拿開物品後，按下歸零按鈕或關閉電源。

## 2. 容器扣重

(1) 同上步驟，先將秤量瓶或稱量紙置於稱上；此時稱上出現之數字即為秤量瓶或稱量紙之重量。

(2) 此時再輕按一次歸零按鈕，稍後會再出現「0.00g」。

(3) 再將待測物直接置於秤量瓶內或稱量紙上，待數字穩定後讀出數值，即為該物品之重量。

(4) 拿開物品後，按下歸零按鈕或關閉電源。

** 因機型不同，按鈕名稱或使用方法可能稍有差異，請就近請教老師或助教。

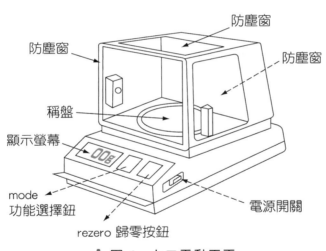

圖 4　上皿電動天平

## 第三節　定量瓶的使用

　　配製一定濃度的溶液時，通常使用定量瓶(volumetric flask)。其方法乃是先將一定量的溶質，以少量溶劑於燒杯完全溶解後，傾入定量瓶中（圖 5），然後加入足量溶劑至量瓶刻線下的 1 公分處（圖 6），最後再以滴管逐滴加入溶劑，使液

面中心恰好到達定量瓶刻線。由於所配製溶液體積不同，一般定量瓶有 10mL、25mL、50mL、100mL、250mL、500mL、1,000mL、2,000mL 等多種。

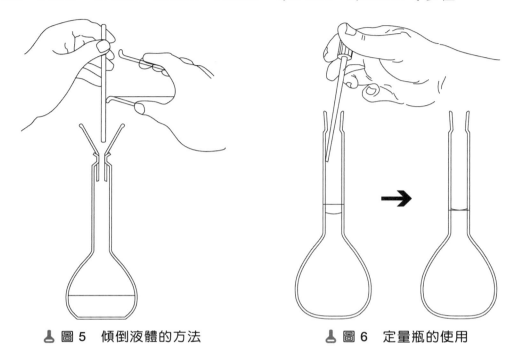

👤 圖 5　傾倒液體的方法　　　　　　👤 圖 6　定量瓶的使用

## 第四節　滴定管

　　滴定管(buret)如圖 7 所示。在進行滴定操作時，液體的流速與流量必須能夠隨意控制，因此滴定管便是針對這種用途而設計的。使用滴定管時先關閉滴定管之流量控制閥，再將液體倒入滴定管中（可使用漏斗以免液體溢出滴定管外），先觀察液面刻度，然後右手拿住接收液體之容器，左手以圖 8 所示之方法開關滴定管之流量控制閥，則由液面初數與末讀數之差，即可得知流出液體之體積。

　　通常讀取滴定管中液面刻度時，視線應垂直滴定管並以四面最低刻度為準，如圖 9 所示。滴定之起始刻度，必須定在 0.00 處或下面一些，但操作時者較浪費時間且不一定準確。因此進行滴定前，往往先將液至 0.00 處以上，再打開流量控制閥，使液面降至 0.00 處以下一點點，記下刻度後，即可開始滴定。如此不但省時，且可使滴定管尖口處無氣泡存在。

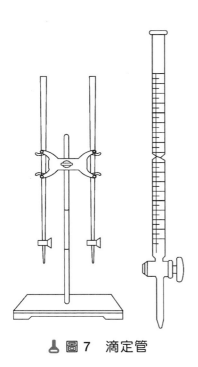

**圖 7　滴定管**

**圖 8　滴定管的正確操作**

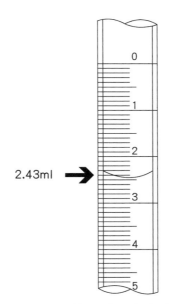

2.43ml

**圖 9　滴定管正確刻度的讀取**

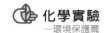

## 第五節　安全吸球的正確使用法

　　化學實驗使用量瓶及量筒都是用來量取較大量液體，至於想要精確地量取少量（10 mL 以下）液體時，則可以在吸量管上套上安全吸球（圖 10）來吸取和釋出液體。安全吸球之正確使用法為：

(1) 一手取吸量管上端往 S 端擠入（小心勿弄斷戳傷）（圖 10-1）。

(2) 一手按壓 A 處鋼珠。另一手壓吸球，將裡面的空氣擠出（圖 10-2）。

(3) 再將吸量管放入液體中。食指和姆指壓 S 處鋼珠即可將液體吸取上來（圖 10-3）。（請特別注意，勿讓液體吸入吸球內，以免腐蝕吸球，或加速固化）

(4) 吸取溶液達到所需之量時，再按 E 處可讓空氣進入，即可將吸量管內液體擠出，放溶液至所需容器中（圖 10-4）。

💬 注意

壓擠時請小心，勿將鋼珠擠離固定位置，則無法使用。

(5) 依吸量管所注時間停留（約 15 秒），尖端殘餘液增加，手握吸球（圖 10-5），食指壓小球孔，以握勢往內擠壓，即可放空。

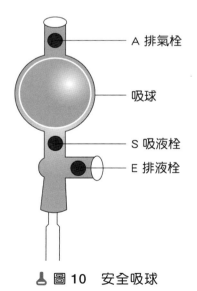

A 排氣栓
吸球
S 吸液栓
E 排液栓

🧪 圖 10　安全吸球

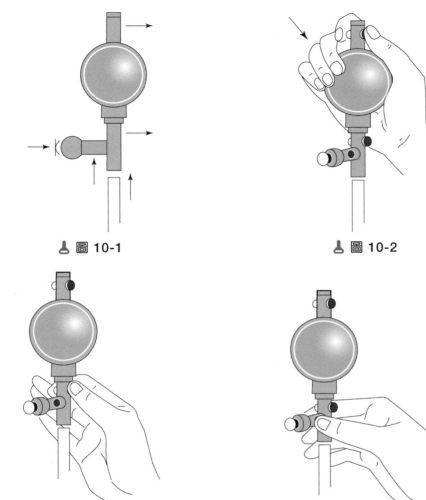

🔩 圖 10-1                    🔩 圖 10-2

🔩 圖 10-3                    🔩 圖 10-4

🔩 圖 10-5

**CHEMISTRY EXPERIMENT**
—Environmental Protection

UNIT

# 化學實驗

**CHEMISTRY EXPERIMENT**
ENVIRONMENTAL PROTECTION

▶ 實驗1

# 質量守恆定律

## 一、目 的

（一） 觀察化學反應前後之總質量是否不變，藉以驗證質量守恆定律。

（二） 應用質量守恆定律，推求化學反應生成物的質量。

（三） 利用質量守恆定律，測定碳酸鹽中二氧化碳的重量百分率。

## 二、原 理

　　化學反應前之反應物的總質量等於反應後生成物及未反應之反應物的總質量，此一特性稱為質量不滅定律(Law of conservation of mass)或質量守恆定律。本實驗以將氯化鐵溶液與氫氧化鈉溶液在錐形瓶中進行反應，產生氫氧化鐵沉澱；碳酸鈉溶液與氯化鈣溶液作用產生白色碳酸鈣沉澱，反應前先稱其質量，反應後再稱其質量，測定反應前後之總質量是否改變。本實驗因在密閉容器中進行反應，因此可驗證質量守恆定律的成立，其化學反應之方程式如下：

$$FeCl_{3(aq)} + 3NaOH_{(aq)} \rightarrow 3NaCl_{(aq)} + Fe(OH)_{3(s)} \downarrow$$
$$Na_2CO_{3(aq)} + CaCl_{2(aq)} \rightarrow 2NaCl_{(aq)} + CaCO_{3(s)} \downarrow$$

　　化學反應只是原子之重新排列和組合，原子無增減，質量亦無變更，故反應前後之總質量不變。若反應系統不是密閉的，當反應的生成物為氣體時，氣體會散失而使反應的測定總質量減少，因此由減少的質量可推知反應物中某成分所占的重量百分率。質量守恆定律在化學上應用甚廣，可利用此一定律預測反應生成物的多寡，推算所需反應物的量，也可以用來測定物質中成分的含量。實驗第二部分，即是應用質量守恆定律，來測定碳酸鹽中二氧化碳的含量。例如：將碳酸鈣與稀鹽酸溶液發生下列反應：

$$CaCO_{3(s)} + 2HCl_{(aq)} \rightarrow CaCl_{2(aq)} + H_2O_{(l)} + CO_{2(g)} \uparrow$$

在上述反應中，若使二氧化碳自由逸出，則反應後減輕之量即為二氧化碳之量。由逸出二氧化碳之量，可推算出每 100 克碳酸鹽與酸反應產生 $CO_2$ 的克數。設產生二氧化碳之量為 $W_1$，則每 100 克碳酸鹽與酸反應產生 $CO_2$ 的克數為 $(W_1 \div W_0) \times 100\%$（$W_0$ 為最初碳酸鹽之質量）。

## 三、儀器與藥品

| | | |
|---|---|---|
| 1. 錐形瓶(125 mL) | 2. 量筒(10 mL) | 3. 1 M NaOH |
| 4. 小試管(10 mL) | 5. 0.20 M $FeCl_3$ | 6. 1 M $CaCl_2$ |
| 7. 橡皮塞 | 8. 4 M HCl | 9. $Na_2CO_3$ 固體 |

## 四、實驗步驟

### （一）質量守恆定律

1. 先加 5 mL 1 M NaOH 溶液於 125 mL 錐形瓶中，再取 5 mL 0.20 M 之 $FeCl_3$ 溶液裝在小試管中，接著用鑷子小心地將此小試管安放於裝有 NaOH 溶液之錐形瓶中（蓋上橡皮塞），如圖 1-1 所示，然後置於天平上準確稱其總質量($W_1$)。

2. 緩緩傾斜錐形瓶，使瓶內二溶液混合而反應，搖盪之，如圖 1-2。觀察所發生之變化，並記錄之。

3. 靜置 10 分鐘後，使錐形瓶之溫度與室溫相同，再精稱反應後的總質量($W_2$)。比較反應前後總質量是否相同。

4. 實驗結束，錐形瓶內含有 $Fe(OH)_3$，此廢液單獨儲存。

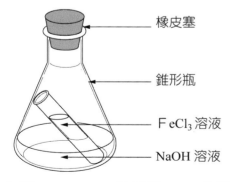

橡皮塞
錐形瓶
$FeCl_3$ 溶液
NaOH 溶液

🔬 圖 1-1　NaOH 溶液與 $FeCl_3$ 作用

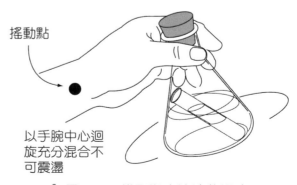

搖動點
以手腕中心迴旋充分混合不可震盪

🔬 圖 1-2　錐形瓶中溶液的混合

## （二）碳酸鹽試樣分析

1. 第一次反應（碳酸鈉與氯化鈣的作用）

   (1) 取 1 克之碳酸鈉，小心傾入 125 mL 錐形瓶，若瓶內壁沾有粉狀物試樣，可用少量蒸餾水沖入瓶底。加 20 mL 蒸餾水溶解之。蓋上橡皮塞，精稱其重量($W_1$)。

   (2) 用量筒取 20 mL 的 1 M 氯化鈣溶液，倒入 50 mL 燒杯中，再精稱其重($W_2$)。

   (3) 將燒杯中之氯化鈣溶液分數次慢慢倒入錐形瓶內。蓋上橡皮塞，搖動錐形瓶使充分混合，注意此時發生的變化。靜置片刻。

   (4) 傾去氯化鈣溶液之燒杯，精稱並記錄重量($W_3$)。

   (5) 計算反應前重($W_4=W_1+W_2-W_3$)。

   (6) 俟錐形瓶的溫度回至室溫時，於天平精稱之 $W_5$。

   (7) 比較反應前後總質量是否相同($W_5-W_4$)。

   (8) 錐形瓶內容物留置供第二次反應實驗使用。

2. 第二次反應（碳酸鈣與酸反應）

   (1) 取 20mL 的 4M 鹽酸溶液，置於 50mL 的燒杯中，精稱記錄之($W_6$)。

   (2) 將鹽酸溶液徐徐倒入第一次反應留置之錐形瓶中，精稱空燒杯重($W_7$)，搖動錐形瓶使混合均勻，觀察並記錄其變化。

   (3) 反應停止後，再搖動片刻，使氣體徹底逸出。

   (4) 精稱錐形瓶重（含橡皮塞），反應後的總質量($W_8$)。

   (5) 比較反應前後總質量是否相同。

   (6) 求出逸出二氧化碳的質量($W_5+W_6-W_7-W_8$)。

# 實驗 1 ｜ 質量守恆定律

結果報告　　　日期＿＿＿＿＿＿

| 班級 | | 組別 | |
|---|---|---|---|
| 姓名 | | 學號 | |

## 五、實驗數據記錄

### （一）質量守恆定律

| | |
|---|---|
| 反應前錐形瓶等物+反應物的質量 $W_1$ | |
| 反應後錐形瓶等物+生成物的質量 $W_2$ | |
| 反應前後質量增減($\pm$)($W_2-W_1$) | |
| 反應前 NaOH 溶液之顏色 | |
| 反應前 $FeCl_3$ 溶液之顏色 | |
| 反應後生成物（沉澱）之顏色 | |

### （二）碳酸鹽試樣分析

(1) 第一次反應（碳酸鈉與氯化鈣的作用）

| | |
|---|---|
| 錐形瓶+橡皮塞+碳酸鈉溶液重 $W_1$ | |
| 燒杯+氯化鈣溶液重 $W_2$ | |
| 傾去氯化鈣溶液後燒杯重 $W_3$ | |
| 反應前總質量（含橡皮塞）$W_4=(W_1+W_2-W_3)$ | |
| 反應後錐形瓶等物的總重 $W_5$ | |
| 反應前後總質量增減($\pm$)$W_5-W_4$ | |
| 未加氯化鈣反應前的現象 | |
| 加氯化鈣反應後的變化 | |

(2) 第二次反應（碳酸鈣與酸的作用）

| | |
|---|---|
| 第一次反應後總質量（含橡皮塞）$W_5$ | |
| 燒杯+鹽酸溶液的質量 $W_6$ | |
| 傾去鹽酸溶液後燒杯殘餘重 $W_7$ | |
| 加鹽酸反應前錐形瓶等物的質量 $W_5+W_6-W_7$ | |
| 反應後的總質量($W_8$) | |
| 減少（即逸出 $CO_2$）的質量($W_5+W_6-W_7-W_8$) | |

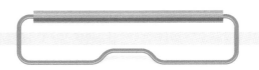 問題與討論

1. 將稀鹽酸加入與碳酸鹽反應時，為何不將全部鹽酸一次倒入？

2. 寫出本實驗第一及第二部分化學反應方程式。

3. 氫氣 2 克在空氣中燃燒生成水，問需空氣若干公升？（假設室溫下空氣中含五分之一的氧，以體積計）。（寫出反應方程式）

4. 質量守恆定律是否可適用於所有之化學反應？

## 實驗 2

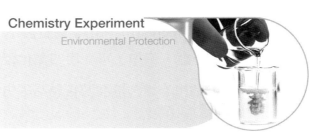

Chemistry Experiment
Environmental Protection

# 混合物的分離

## 一、目　的

（一）　熟悉各種混合物的分離技術。

（二）　了解如何從各種混合物中分離或精製純物質之方法。

（三）　學習計算混合物中純物質的含量。

## 二、原　理

　　混合物是由兩種以上的物質所構成，雖然是由兩種以上的不同物質所組成，但仍然各具有原來的性質。自然界大部分的物質均為混合物，例如：海水、空氣皆是混合物。分離混合物的方法有蒸餾、過濾、再結晶、升華、萃取及層析法（色層分析法）等。今扼要敘述如下：

（一）　蒸餾(distillation)或蒸發：利用混合物中各成分物質的沸點不同，加熱溶液使低沸點成分先氣化而逸出液面，再冷凝成液體，加以收集則可得到該物質的液體。例如：蒸餾地下水或海水，而得到純水及純無機鹽。

（二）　過濾(filtration)：過濾是將不溶性固體物質，藉濾紙、濾布等過濾介質與溶液分離的分法，利用過濾法可使溶液與不溶性固體分離。

（三）　結晶(crystallization)：晶體溶於溶劑，若呈過飽和，則有晶體析出，而析出的晶體便可用結晶法將其分離出，例如：食鹽、草酸及蔗糖之精製。

（四）　層析法(chromatographic method)：係利用各化合物的不同極性、溶解度、揮發性等之差異，可用濾紙、管柱或氣體層析法(gas chromatographic method)將混合物分離。

（五）　昇華(sublimation)：利用物質受熱由固態直接轉變成氣態的現象，分離純物質。例如：碘、樟腦、乾冰（固態二氧化碳）…等受熱易升華。

（六） 萃取(extraction)：利用某物質於不同溶劑內，有不同的溶解度的特性，將物質分離，例如：可利用四氯化碳萃取溴水。

　　本實驗利用過濾、蒸發及再結晶等方法將混合物分離。

## 三、儀器與藥品

| | | |
|---|---|---|
| 1. 濾紙 | 2. 漏斗 | 3. 燒杯(300 mL) |
| 4. 攪拌棒 | 5. 蒸發皿 | 6.（食鹽＋碳酸鈣）混合物 |
| 7. 亞甲基藍指示劑 | 8. 不純草酸 | 9. 減壓過濾裝置 |
| 10. 活性碳 | 11. 烘箱 | 12. 漏斗架 |

## 四、實驗步驟

### （一）過 濾

1. 取約 1 克的食鹽與碳酸鈣之混合物，置於 300mL 燒杯中，加入 30mL 水，充分攪拌。

2. 取一張濾紙，先對摺然後再對摺，將濾紙再打開，則一邊為單層，另一邊為三層（如圖 2-1），將此濾紙置於漏斗中，用水將濾紙打濕，使濾紙緊貼於漏斗壁上。

3. 攪拌燒杯中之混合物，然後使溶液沿著攪拌棒傾倒於濾紙上，溶液不得超過濾紙上緣（如圖 2-2）。

4. 空蒸發皿稱重($W_1$)。

5. 將濾液置於蒸發皿中，用微火蒸發至乾，稱重($W_2$)。

6. 判別濾紙上之殘渣及濾液中分別含何種物質？

### （二）結 晶

1. 稱取約 3.0 克的不純草酸，精稱其量($W_0$)，將此草酸置於 250mL 的燒杯中，加 30mL 蒸餾水溶解，並於水浴上加熱。

2. 待草酸完全溶解後，趁熱過濾，除去固體殘渣。

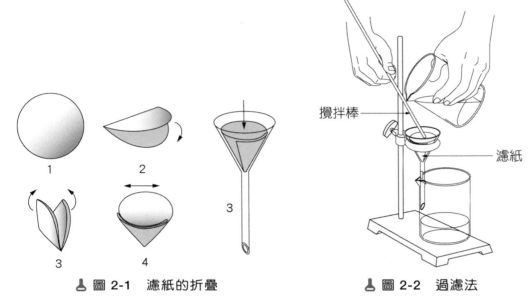

**圖 2-1　濾紙的折疊**　　　　　　　　**圖 2-2　過濾法**

攪拌棒

濾紙

3. 將所得濾液置於水浴中加熱，使過濾過程產生的結晶再行溶解，將濾液靜置，觀察晶體成長情形，當草酸晶體大部分析出後，將燒杯置入冰浴中，使晶體析出更完全。

4. 將含有晶體的溶液，以抽氣減壓過濾抽乾後，以少許冷水洗滌晶體，再抽乾水分，將晶體置於 65℃ 的烘箱中烘乾（溫度不可太高，會熔掉），精稱烘乾之純草酸($W_1$)。

## （三）吸附劑過濾

1. 取約 3.0 克的食鹽加亞甲基藍混合物，先觀察其顏色及味道，以及其晶體形狀。

2. 將其倒入 100mL 的燒杯中，加入 50mL 水溶解之。

3. 加入兩小匙活性碳，加熱約 5 分鐘後冷卻。

4. 以抽氣過濾，分離活性碳。

5. 若濾液未澄清無色則再加活性碳脫色一次。

6. 將濾液放於蒸發皿加熱，將濾液濃縮。

7. 於冰浴冷卻，使食鹽結晶。

8. 過濾得食鹽晶體。

9. 計算回收率。

# 實驗 2 | 混合物的分離　　　結果報告　　日期＿＿＿＿＿＿＿

| 班級 | | 組別 | |
|---|---|---|---|
| 姓名 | | 學號 | |

## 五、實驗數據記錄

### （一）過　濾

| 空蒸發皿重 | $W_1$ | | |
|---|---|---|---|
| 試樣重 | $W_0$ | | |
| 蒸發皿+食鹽結晶重 | $W_2$ | | |
| 食鹽結晶重 | $W_2 - W_1$ | | |
| 試樣中食鹽所占重量百分率 | | 理論值 | |
| $[(W_2 - W_1) \div W_0] \times 100\%$ | | 實驗值 | |

### （二）結　晶

| 試樣重 | $W_0$ | | |
|---|---|---|---|
| 結晶重 | $W_1$ | | |
| 試樣中純試樣所占重量百分率 | | 理論值 | |
| $(W_1 \div W_0) \times 100\%$ | | 實驗值 | |

### （三）吸附劑過濾

| 混合物狀態 | | | |
|---|---|---|---|
| 空蒸發皿重 | $W_1$ | | |
| 樣品重 | $W_0$ | | |
| 蒸發皿+食鹽結晶重 | $W_2$ | | |
| 食鹽結晶重 | $W_2 - W_1$ | | |
| 試樣中食鹽所占重量百分率 | | 理論值 | |
| $[(W_2 - W_1) \div W_0] \times 100\%$ | | 實驗值 | |

## 問題與討論

1. 蒸發濾液為何用蒸發皿，是否可用燒杯直接加熱蒸發？何故？

2. 蒸發濾液至乾，須以微火或用水浴加熱法，試問其目的何在？

3. 再結晶時以普通裝置過濾熱溶液，有何問題？抽氣過濾的作用為何？

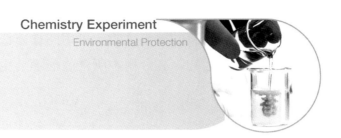

**Chemistry Experiment**
Environmental Protection

# 實驗 3
# 定組成定律

## 一、目　的

（一）　了解定組成定律（定比定律）。

（二）　測定化合物中，各成分元素之重量百分率。

（三）　應用定組成定律，測定混合物中某特定物質的重量百分率。

## 二、原　理

　　凡化合物均由不同之元素，依固定的重量比率化合而成，即純化合物中各成分元素之重量百分率為定值，此稱為定比定律或定組成定律(law of definite composition)。例如：水($H_2O$)其中氫與氧重量比為 1：8，即含氫 11.11%及含氧 88.89%。

　　本實驗是測定銅在無水硫酸銅中之重量百分率，加鋅於硫酸銅溶液中。鋅可與硫酸銅作用析出銅，多餘的鋅再與硫酸作用放出氫氣及可溶性硫酸鋅。此時硫酸銅的銅離子被金屬鋅所還原而產生銅的沉澱，故溶液由藍色變為無色。其反應式如下：

$$Zn_{(s)} + Cu^{+2}_{(aq)} \rightarrow Cu_{(s)} + Zn^{+2}_{(aq)}$$
$$Zn_{(s)} + 2H^{+}_{(aq)} \rightarrow H_{2(g)} + Zn^{+2}_{(aq)}$$

　　將所析出銅收集（過濾）並乾燥後精稱之，則可算出銅在原來無水硫酸銅中之含量（因過量之鋅已與硫酸反應，故固體中不含未反應的鋅）。

$$Cu\% = \frac{銅重（克）}{無水硫酸銅重（克）} \times 100\%$$

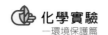
若不純的硫酸銅混合物，可用同樣方法，測定銅的重量，而計算硫酸銅的含量，並由此可推算混合物中所含硫酸銅的重量百分率。

$$CuSO_4\% = \frac{\text{銅重（克）} \times \dfrac{CuSO_4}{Cu}}{\text{樣品重（克）}} \times 100\%$$

$$= \frac{\text{銅重（克）} \times 2.512}{\text{樣品重（克）}} \times 100\%$$

$$\frac{CuSO_4}{Cu} = 2.512$$

我們也可以由成分元素合成純化合物，利用以上實驗所得金屬銅可再回收製造成硫酸銅（實驗四），並藉以驗證其中銅的重量百分率是否與實驗值相同。先將銅粉與濃硝酸混合共熱得到黑色氧化銅。

$$Cu_{(s)} + 2HNO_{3(aq)} \rightarrow CuO_{(s)} + 2NO_{2(g)} + H_2O_{(l)}$$

再將黑色氧化銅用稀硫酸溶液處理，即可得到藍色硫酸銅溶液，最後將此溶液加熱蒸發，即可得藍色硫酸銅。

$$CuO_{(s)} + H_2SO_{4(aq)} \rightarrow CuSO_{4(aq)} + H_2O_{(l)}$$

## 三、儀器與藥品

| 1. 蒸發皿 | 2. 漏斗 | 3. 玻棒 |
|---|---|---|
| 4. 燒杯(100mL , 300 mL) | 5. 濾紙 | 6. 6N $H_2SO_4$ |
| 7. 硫酸銅混合物 | 8. 鋅粉 | 9. 硫酸銅晶體($CuSO_4 \cdot 5H_2O$) |

## 四、實驗步驟

### （一）無水硫酸銅中含銅之重量百分率

1. 取一乾淨蒸發皿，烘乾稱重之($W_1$)。

2. 取約 3 克的 $CuSO_4 \cdot 5H_2O$，置於乾淨的蒸發皿中，一邊加熱一邊攪拌以除去水分，直到藍色固體變成白色粉末為止（如圖 3-1）。（注意不可加熱過速，否則會變成（氧化銅）咖啡色粉末）。

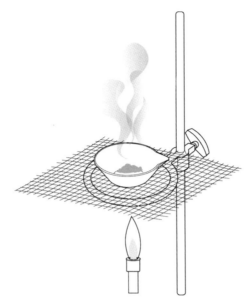

■ 圖 3-1　含水硫酸銅的加熱

3. 冷卻後，連同蒸發皿稱重$(W_2)$。

4. 將無水硫酸銅倒入 250 mL 燒杯中，以 50 mL 水溶解之。

5. 稱取約 1 克鋅粉，徐徐加入上述硫酸銅溶液中並攪拌之。仔細觀察水溶液顏色之變化，若仍有藍色存在則須再稍加鋅粉，直到溶液藍色完全消失為止。

6. 於此溶液中慢慢滴加約 10 mL 6N 稀硫酸，直至溶液無氣泡產生為止（有紅棕色沉澱產生）。

7. 利用濾紙過濾，濾紙上之銅沉澱先用水洗滌數次，濾液倒入廢液桶中統一處理。

8. 將濾紙上之沉澱銅以滴管吸水沖入蒸發皿中，緩緩加熱烘乾（或放入烘箱中乾燥），待銅沉澱物完全乾燥後，溫度降至室溫再精稱銅與蒸發皿之總重$(W_3)$。

9. 由此結果計算銅之重量及銅在無水硫酸銅之重量百分率，並與理論值比較。

（二）未知試樣中硫酸銅的重量百分率之測定

1. 稱取約 3 克之不純硫酸銅未知試樣，按上述方法測出銅的重量，再推算出 $CuSO_4$ 的重量。

2. 未知試樣不必經過乾燥，稱重後（含蒸發皿），按上述步驟 3 放入燒杯中加水溶解。

## （三）回收

　　將烘乾的銅交由任課教師，（實驗四）統一回收處理成硫酸銅，避免汙染廢水。

# 實驗 3 ｜ 定組成定律

結果報告　　日期＿＿＿＿＿＿＿

| 班級 | | 組別 | |
|---|---|---|---|
| 姓名 | | 學號 | |

## 五、實驗數據記錄

### （一）無水硫酸銅中含銅之重量百分率

| 空蒸發皿重 | $W_1$ | | |
|---|---|---|---|
| 蒸發皿＋無水硫酸銅重 | $W_2$ | | |
| 蒸發皿＋純銅重 | $W_3$ | | |
| 無水硫酸銅重 | $W_2-W_1$ | | |
| 純銅重 | $W_3-W_1$ | | |
| 無水硫酸銅中銅所占重量百分率 | | 理論值 | |
| $[(W_3-W_1)\div(W_2-W_1)]\times100\%$ | | 實驗值 | |

### （二）未知試樣中硫酸銅的重量百分率測定

| 未知試樣淨重 | $W_0$ | | |
|---|---|---|---|
| 空蒸發皿重 | $W_1$ | | |
| 蒸發皿＋純銅重 | $W_2$ | | |
| 銅淨重 | $W_2-W_1$ | | |
| 試樣中 $CuSO_4$ 淨重 $W_3=(W_2-W_1)\times2.512$ | | | |
| 試樣中硫酸銅重量百分率 | | 理論值 | |
| $(W_3\div W_0)\times100\%$ | | 實驗值 | |

## 問題與討論

1. 在實驗步驟中，若加入鋅粉量不足或過量各有何影響？

2. 在實驗步驟中，若加熱過速會有什麼情形發生？

3. 如何利用無水硫酸銅來檢驗無水酒精中是否含有水？（請以反應式表示）

# 實驗 4

Chemistry Experiment
Environmental Protection

# CuO 製備硫酸銅晶體

## 一、目 的

（一） 學習無機鹽的製備。

（二） 學習合成的基本操作（過濾、結晶、再結晶）。

（三） 由 CuO 再製備成 $CuSO_4 \cdot 5H_2O$ 晶體。

## 二、原 理

工業上，所有含銅原料。純銅是不活潑金屬，不溶於非氧化性酸中，以廢銅絲（或銅粉）與硫酸、濃 $HNO_3$ 作用來製備硫酸銅，其反應式如下：

$$Cu_{(s)} + 2HNO_{3(aq)} + H_2SO_{4(aq)} \rightarrow CuSO_{4(aq)} + 2NO_{2(g)} + H_2O_{(l)}$$

其反應中除了生成硫酸銅之外，還有一定量的硝酸銅和其他不溶性雜質出現。本實驗為了避免產生棕色有毒的 $NO_{2(g)}$，則使用氧化銅(CuO)作為起始物。因銅氧化物在稀酸中極易溶解，因此工業上製備硫酸銅時，常把銅燒成氧化物，然後再與適當濃度的硫酸作用生成硫酸銅。而氧化銅(CuO)與 $H_2SO_4$ 反應生成 $CuSO_4$，反應式如下：

$$CuO_{(s)} + H_2SO_{4(aq)} \rightarrow CuSO_{4(aq)} + H_2O_{(l)}$$

五水硫酸銅在 102°C 脫去兩個水分子，在 113°C 再脫去兩個水分子，只有加熱到 258°C 以上才能完全脫水。溶液經過濾濃縮結晶可以得到晶體 $CuSO_4 \cdot 5H_2O$，若經過再結晶可得高純度的硫酸銅。

## 三、儀器與藥品

| | | |
|---|---|---|
| 1. 氧化銅粉(CuO) | 2. 稀硫酸(3 M) | 3. 蒸發皿 |
| 4. 布氏漏斗 | 5. 濾紙 | 6. 攪拌棒 |
| 7. 燒杯(100 mL、300 mL) | 8. 量筒(10 mL) | 9. 酒精 95% |

## 四、實驗步驟

1. 以 50 mL 或 100 mL 乾淨且乾燥的燒杯稱取約 1 克的 CuO，確實讀取重量並記錄。

2. 加入 6mL 3 M $H_2SO_4$，攪拌均勻（$H_2SO_4$ 具腐蝕性，使用時要特別小心！）水浴加熱，水浴不能沸騰，持續攪拌。

3. 水浴加熱過程中，再加入 3mL 3 M $H_2SO_4$，持續攪拌，使 CuO 全部溶解，此時溶液呈深藍色。

4. 繼續加熱至溶液出現藍色結晶，將溶液靜置冷卻到室溫，使結晶繼續慢慢長出。

5. 將產生的硫酸銅結晶進行抽氣過濾，過濾時可使用 5 mL 95%酒精溶液沖洗結晶，最後將結晶盡量抽乾。

6. 將硫酸銅晶體輕輕刮到稱量紙上稱重，得硫酸銅晶體淨重並計算產率（以濕品計算）。

# 實驗 4 │ CuO 製備硫酸銅晶體　　結果報告　　日期＿＿＿＿＿＿＿

| 班級 | | 組別 | |
|---|---|---|---|
| 姓名 | | 學號 | |

## 五、實驗數據記錄

（一）銅回收再結晶硫酸銅的產率

| 空燒杯重 | $W_1$ | |
|---|---|---|
| 燒杯+氧化銅重 | $W_2$ | |
| 氧化銅粉末重 | $(W_2-W_1)$ | |
| 硫酸銅晶體重 | $W_3$ | |
| 產率 | 理論值 | |
| | 實驗值 | |

（二）計算產率

$$CuO_{(s)} + H_2SO_{4(aq)} \rightarrow CuSO_{4(aq)} + H_2O_{(l)}$$

## 問題與討論

1. 製備硫酸銅時，為什麼要使用酒精沖洗結晶？

2. 請寫出本實驗產率的計算式？

## 實驗 5

# 限量試劑

Chemistry Experiment
Environmental Protection

## 一、目的

（一） 測量兩種可溶鹽混合物中的限量反應物。

（二） 測定混合物中每種物質的組成百分率。

## 二、原理

反應過程中，起始條件為兩種以上的反應物量皆已知，哪一種反應物能完全消耗完，則決定反應的產量百分率(percent yield)。很多實驗條件，如：溫度和壓力能調節以增加化學反應中所要生成物的產量，但因為化學反應是根據固定莫耳比率（化學計量），給定起始材料的量，只能形成有限量生成物。在化學反應中決定生成物的量，此反應物稱為化學系統中限量反應物(limited reactant)。本實驗中的反應，如下列反應式：

$$2\ Na_3PO_4 \cdot 12H_2O_{(aq)} + 3\ BaCl_2 \cdot 2H_2O_{(aq)} \rightarrow Ba_3(PO_4)_{2(s)}\downarrow + 6\ NaCl_{(aq)} + 30\ H_2O_{(l)}$$

因為兩種反應鹽和氯化鈉都溶於水中，而磷酸鋇是不溶的，所以反應的離子方程式為：$2PO_4^{-3}{}_{(aq)} + 3Ba^{+2}{}_{(aq)} \rightarrow Ba_3(PO_4)_{2(s)}\downarrow$

在本實驗中第一部份中，固體鹽 $Na_3PO_4 \cdot 12H_2O$ 和 $BaCl_2 \cdot 2H_2O$ 形成了未知組成的非勻相混合物。測量固體混合物的質量，然後加入水，形成不溶水的 $Ba_3(PO_4)_2$。收集 $Ba_3(PO_4)_2$ 沉澱物，過濾乾燥，測量其質量。

鹽混合物的組成百分率通過限量反應物的試驗來確定。在第二部份中，形成固體磷酸鋇，限量反應物是根據溶液的兩種沉澱檢驗來測定：(1)溶液用磷酸鹽試劑檢驗過量的鋇離子－觀察沉澱的生成，說明在鹽混合物中存在過量的鋇離子（磷酸鹽離子的量限量）；(2)溶液也用鋇離子試劑檢驗過量的磷酸根離子－觀察沉澱的生成，說明在鹽混合物中存在過量的磷酸根離子（鋇離子的量是限量的）。

計算：假設 0.950 克鹽混合物試樣被溶入水中，形成 0.185 克的 $Ba_3(PO_4)_2$ 的沉澱，試驗表明 $BaCl_2 \cdot 2H_2O$ 是限量反應物。則混合物中的組成百分比為若干？

$$Ba_3(PO_4)_{2(s)} \rightarrow 3Ba^{+2}_{(aq)} + 2PO_4^{-3}_{(aq)}$$

反應計量係數表明 1 mole $Ba_3(PO_4)_2$ 沉澱需要 3 mole 的 $Ba^{+2}$（因此需要 3 mole $BaCl_2 \cdot 2H_2O$）去形成。因為 0.185 克 $Ba_3(PO_4)_2$ 沉澱，則

$$0.185 \text{ g } Ba_3(PO_4)_2 \times \frac{3 \text{ mole } Ba^{+2}}{601.93} = 9.22 \times 10^{-4} \text{ mole } Ba^{+2}$$
$$9.22 \times 10^{-4} \text{ mole} \times 244.27 \text{ g} = 0.225 \text{ g } BaCl_2 \cdot 2H_2O$$

則混合物中 $BaCl_2 \cdot 2H_2O$ 的含量 $(0.225/0.950) \times 100\% = 23.68\%$

則混合物中 $Na_3PO_4 \cdot 12H_2O$ 的含量 $[(0.950-0.225)/0.950] \times 100\% = 76.32\%$

若試驗表明 $Na_3PO_4 \cdot 12H_2O$ 是限量反應物。則混合物中的組成百分比為若干？反應計量係數表明 1 mole $Ba_3(PO_4)_2$ 沉澱需要 2 mole 的 $PO_4^{-3}$（因此需要 2 mole $Na_3PO_4 \cdot 12H_2O$）去形成。因為 0.185 克 $Ba_3(PO_4)_2$ 沉澱，則

$$0.185 \text{ g } Ba_3(PO_4)_2 \times \frac{2 \text{ mole } PO_4^{-3}}{601.93} = 6.15 \times 10^{-4} \text{ mole } PO_4^{-3}$$
$$6.15 \times 10^{-4} \text{ mole} \times 760.24 \text{ g} = 0.467 \text{ g } Na_3PO_4 \cdot 12H_2O$$

則混合物中 $Na_3PO_4 \cdot 12H_2O$ 的含量 $[(0.467/0.950)] \times 100\% = 49.16\%$

則混合物中 $BaCl_2 \cdot 2H_2O$ 的含量 $(0.950-0.467/0.950) \times 100\% = 50.84\%$

## 三、儀器與藥品

| 1. $Na_3PO_4 \cdot 12H_2O$ 固體 | 2. $BaCl_2 \cdot 2H_2O$ 固體 | 3. 0.50 M $Na_3PO_4$ 溶液 |
|---|---|---|
| 4. 0.50 M $BaCl_2$ 溶液 | 5. 濾紙 | 6. 燒杯(100 mL、300 mL) |
| 7. 量筒(250 mL) | 8. 攪拌棒 | 9. 漏斗 |

# 四、實驗步驟

1. 取 2~3 克未知的 $Na_3PO_4 \cdot 12H_2O / BaCl_2 \cdot 2H_2O$ 鹽混合物。

2. 將混合物倒入 400 mL 的燒杯中，加入 200 mL 的蒸餾水。用攪拌棒攪拌混合物約 5 分鐘，靜置沉澱物。

3. 溫水水浴 30 分鐘，靜置冷卻，過濾用清水清洗。

4. 將濾物置於烘箱中烘乾，稱重。

5. 將濾液各取 50 mL 置於兩個燒杯中。

6. 檢驗過量的 $PO_4^{-3}$：滴入 2 滴 0.5 M $BaCl_2$ 試劑於燒杯中。

7. 檢驗過量的 $Ba^{+2}$：滴入 2 滴 0.5 M $Na_3PO_4$ 試劑於燒杯中。

8. 計算鹽混合物含量百分比？

# 實驗 5 | 限量試劑

結果報告　　日期＿＿＿＿＿＿

| 班級 | | 組別 | |
|------|--|------|--|
| 姓名 | | 學號 | |

## 五、實驗數據記錄

| 濾紙重 $W_0$ | |
|---|---|
| 混合鹽 ＋ 濾紙重 $W_1$ | |
| 混合鹽重 $W_1-W_0$ | |
| 烘乾後磷酸鋇+濾紙重 $W_2$ | |
| 磷酸鋇重 $W_2-W_0$ | |
| 磷酸鋇 mole $(W_2-W_0)/601.93$ | |
| 限量反應物的分子式 | |
| 限量試劑 mole | |
| 混合鹽中 $BaCl_2 \cdot 2H_2O$ 重 | |
| 混合鹽中 $Na_3PO_4 \cdot 12H_2O$ 重 | |
| $BaCl_2 \cdot 2H_2O$ 含量 % | |
| $Na_3PO_4 \cdot 12H_2O$ 含量 % | |

計算：

$BaCl_2 \cdot 2H_2O$ 是限量反應物，則

$\quad [(W_2-W_0) / 601.93] \times 3 = A$ mole $BaCl_2 \cdot 2H_2O$

$\quad A$ mole $\times 244.27 = B$ g $BaCl_2 \cdot 2H_2O$

$Na_3PO_4 \cdot 12H_2O$ 是限量反應物，則

$\quad [(W_2-W_0)/601.93] \times 2 = R$ mole $Na_3PO_4 \cdot 12H_2O$

$\quad R$ mole $\times 380.12 = S$ g $Na_3PO_4 \cdot 12H_2O$

## 問題與討論

1. 請寫出本實驗之化學反應式？

2. 請回答下列問題
   (1) 何謂「限量反應物」？
   (2) 反應物各 2 克，反應式：$CaCl_2 + 2NaOH \rightarrow Ca(OH)_2 + 2NaCl$
       則可產生 $Ca(OH)_2$ 多少克？何者是限量反應物？

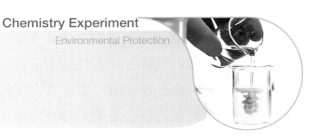

## 實驗 6

# 化學式的測定

Chemistry Experiment
Environmental Protection

## 一、目　的

（一）　了解化學式的定義及種類。

（二）　了解物質的克數與莫耳數關係並將克數換算成莫耳數。

（三）　應用化合法，測定純化合物之最簡單化學式（即實驗式）。

（四）　利用分析法測定氯酸鉀試樣中，鉀、氯及氧的莫耳數，計算莫耳數的最簡
　　　　單整數比，以求出氯酸鉀化學式。

## 二、原　理

　　凡用元素符號表示物質組成之式，統稱為化學式(chemical formula)，化學式
的種類有下列五種：

1. 實驗式(empirical formula)：以最簡單的化學式表示物質組成元素的原子數比稱
   實驗式，又稱為簡式(simplest formula)。

2. 分子式(molecular formula)：以化學式表示一分子物質的組成稱為分子式。分
   子式中包括各組成元素之全部原子，化簡之即為實驗式，因此分子式為實驗式
   量之倍數：分子式 ＝ [實驗式]$_n$

3. 構造式(structural formula)：係表示分子內各原子與原子間相互排列及結合狀態
   之化學式稱為構造式。

4. 示性式(rational formula)：係表示分子中含有某種根或基的化學式稱為示性
   式，常用以表示有機物質之分子。

5. 電子式(electronic formula)：係表示分子式中各原子外層電子排列的化學式稱
   為電子式。

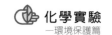

化學式所代表之量（即化學式中諸元素之原子量總和）稱為式量，若以克為單位表示式量，即稱之為克式量(gram formula weight)。若化學式為分子式者稱為分子量(molecular weight)，即分子量為式量之一。化學式的測定為化學家重要工作之一，任何新物質之發現，必須設法測定其化學式。化學式的測定，可利用化合法或分析法，先測定化合物的最簡單化學式（即實驗式），並由分子量的測定，決定分子式。

化學式測定第一步驟為測定化合物中組成元素的種類。第二步驟為測定化合物中所含元素的重量百分率。第三步驟將各元素的重量百分率換算為相對的克原子數(No. gram-atoms)比，並以最簡克原子數整數比，以決定其最簡單化學式（即實驗式）。第四步驟為測定化合物之分子量（實驗八），以決定其分子式。

化學描述方面，一莫耳代表大量的原子或分子，而一莫耳的個數為 $6.022 \times 10^{23}$ 個。例如：一莫耳 Mg 表示有 $6.022 \times 10^{23}$ 個 Mg 原子。將已知重量之甲元素與過量之乙元素完全作用，而形成一定重量之化合物，將所得的化合物重量減去甲元素重量，即為與甲元素相結合的乙元素重量，由這些重量可算出甲、乙元素化合時的莫耳數，而求出最簡單的莫耳整數此，此即為最簡單的化學式（實驗式）。

$$\frac{\text{甲元素的莫耳數}}{\text{乙元素的莫耳數}} = \frac{\text{甲元素的組成質量}}{\text{甲元素的原子量}} : \frac{\text{乙元素的組成質量}}{\text{乙元素的原子量}}$$

=甲元素的原子數：乙元素的原子數

## （一）化合法測定最簡單化學式

本實驗利用化合法測定氧化鎂的化學式。例如：將 2.43 克鎂帶，置於坩堝中，加熱使其充分氧化成氧化鎂，稱氧化鎂 4.03 克可由下列計算，求得氧化鎂的最簡單化學式。

$$鎂的莫耳數 = \frac{2.43}{24.3克/莫耳} = 0.10莫耳$$

與 2.43 克鎂作用的氧重為 4.03 克–2.43 克 ＝ 1.60 克

$$氧的莫耳數 = \frac{1.6克}{16克/莫耳} = 0.10莫耳$$

因此鎂原子莫耳數：氧原子莫耳數 $= 0.10 : 0.10 = 1 : 1$，故知氧化鎂之最簡單化學式為 MgO。但是，加熱使鎂氧化之合成反應中，因空氣中含有 79％氮，所以也會產生少許的氮化鎂，因此鎂帶與空氣加熱反應後，需再加水，將所產生的氮化鎂先轉變為氫氧化鎂後，再加熱分解，而使鎂帶完全變成氧化鎂，其反應方程式如下：

$$2Mg_{(s)} + O_{2(g)} \rightarrow 2MgO_{(s)}$$

$$3Mg_{(s)} + N_{2(g)} \rightarrow Mg_3N_{2(s)}$$

$$Mg_3N_{2(s)} + 6H_2O_{(l)} \rightarrow 3Mg(OH)_{2(s)} + 2NH_{3(g)}$$

$$Mg(OH)_{2(s)} \rightarrow MgO_{(s)} + H_2O_{(g)}$$

## （二）分析法測定最簡單化學式

以分析法（分解法）測定氯酸鉀之化學式。本實驗係利用分析法，即加熱分解氯酸鉀，求出鉀、氯及氧之莫耳數的簡單整數比，即得氯酸鉀的實驗式。反應式如下：

$$2KClO_{3(s)} \xrightarrow[400°C]{\Delta} 2KCl_{(s)} + 3O_{2(g)} \uparrow$$

# 三、儀器與藥品

| 1. 坩堝含蓋 | 2. 坩堝鉗 | 3. 砂紙 |
|---|---|---|
| 4. 泥三角 | 5. 量筒(10 mL) | 6. 鎂帶 |
| 7. 蒸發皿 | 8. KClO₃ 粉末 | 9. MnO₂ 粉末 |

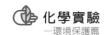

# 四、實驗步驟

## （一）化合法測定最簡單化學式

1. 取一坩堝置於泥三角上，如圖 6-1，以本生燈灼熱 5 分鐘後以坩堝鉗夾住取下，冷卻，精稱坩堝之重量。

2. 取約 0.50 克之鎂帶，先用砂紙擦淨其表面後，置入坩堝中。

3. 將鎂帶放入坩堝中一同稱重後，置於泥三角上，需小心用鉗子夾妥（使勿破），使坩堝內之物質有足夠之空氣燃燒，但切勿使坩堝內之氧化物逸出。

4. 加熱 15 分鐘後，放冷，加入 2 mL 蒸餾水，再置於泥三角上，加蓋，按上法慢慢加熱，至坩堝中之物質完全乾燥後，去蓋再灼熱 5 分鐘。

5. 若坩堝中之化合物未完全變成白色之氧化鎂，須重複步驟 4. 完全除去黑色的氮化鎂，使坩堝中之化合物完全變成白色之氧化鎂。

6. 冷卻後，準確稱其重量（含坩堝，但去蓋）。

7. 由以上結果，推求氧化鎂之最簡單化學式。

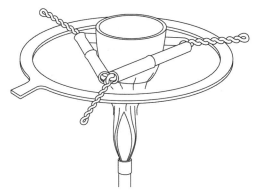

🔬 圖 6-1　鎂帶加熱

## （二）分析法測定氯酸鉀的化學式

1. 取約 0.20 克的二氧化錳置於蒸發皿中，精稱並記錄之($W_1$)。

2. 再取約 1 克的乾燥氯酸鉀加入，再精稱總重量並記錄之($W_2$)。

3. 將氯酸鉀及二氧化錳充分混合；置於本生燈上加熱至固體熔化（原先的粉末狀固體凝結成塊狀）。再強熱 3~5 分鐘，使氯酸鉀完全分解。

4. 將蒸發皿放於乾燥器中，冷卻至室溫，精稱並記錄之($W_3$)。

# 實驗 6｜化學式的測定

結果報告　　　日期＿＿＿＿＿＿＿＿

| 班級 | | 組別 | |
|---|---|---|---|
| 姓名 | | 學號 | |

## 五、實驗數據結果

### （一）化合法測定氧化鎂之化學式

| 空坩堝重 | $W_1$ | |
|---|---|---|
| 坩堝+鎂帶重 | $W_2$ | |
| 坩堝+氧化鎂重 | $W_3$ | |
| 鎂帶重 | $(W_2-W_1)$ | |
| 氧化鎂重 | $(W_3-W_1)$ | |
| 氧之重量 | $(W_3-W_2)$ | |
| 鎂原子數與氧原子數比 | | ： |
| 氧化鎂之化學式 | | |

### （二）分析法測定氯酸鉀的化學式

| 蒸發皿+ $MnO_2$ 的質量重 | $W_1$ | |
|---|---|---|
| 蒸發皿+ $MnO_2$ +氯酸鉀的質量重 | $W_2$ | |
| 蒸發皿+ $MnO_2$ +殘餘物的質量重 | $W_3$ | |
| 氯酸鉀的質量 | $W_2-W_1$ | |
| 釋出的氧質量 | $W_2-W_3$ | |
| 氯化鉀（殘餘物）的質量 | $W_3-W_1$ | |
| 氯化鉀的莫耳數 $[(W_3-W_1)\div74.55]$ | | |
| 原試樣中 K 原子的莫耳數 | | |
| 原試樣中 Cl 原子的莫耳數 | | |
| 原試樣中 O 原子的莫耳數 $[(W_2-W_3)\div16]$ | | |
| 原試樣中 K：Cl：O 原子的莫耳數比（最簡單整數比） | | |
| 氯酸鉀的最簡化學式（實驗式） | | |

## 問題與討論

1. 將 1.104 克氯酸鉀試樣與二氧化錳混合共熱，反應後，重量減輕了 0.432 克，試求氯酸鉀的化學式？

2. 在實驗（一）的步驟 4 中，為何需再加入 2 mL 的蒸餾水加熱，何故？

3. 一容器中含有 $3.011 \times 10^{22}$ 個 Mg 原子，則有若干莫耳的 Mg 原子？

4. 請寫出本實驗氧化鎂化學式及氯酸鉀化學式的計算過程？

**實驗 7**

Chemistry Experiment
Environmental Protection

# 化學計量

## 一、目 的

（一） 了解化學方程式中，反應物與生成物間的化學計量關係。

（二） 利用化學計量，求出含水化合物的結晶水量。

（三） 利用化學計量關係，分析氯酸鉀混合物中氯酸鉀的含量。

## 二、原 理

　　化學計量(stoichoimetry)係應用化學基本原理、質量守恆定律、定比定律及數學演算方法，以計算化學反應系中各物質間量的關係。

　　藍色硫酸銅晶體化學式為 $CuSO_4 \cdot 5H_2O$，若經過加熱會除去水產生白色硫酸銅固體。本實驗（一）以 $CuSO_4 \cdot 5H_2O$ 晶體的加熱，放出水蒸氣，而殘留硫酸銅產物，由其重量數據可求得硫酸銅及水的化學計量比，硫酸銅與水的化學計量比為 1：5。

　　　　反應式如下：$CuSO_4 \cdot 5H_2O \rightarrow CuSO_4 + 5H_2O$

$$\frac{失去水重}{硫酸銅晶體重} = \frac{b}{a} = \frac{18n}{159.5 + 18n} = 0.37$$

求出結晶水量(n)。

　　本實驗（二）氯酸鉀的加熱分解、放出氧而殘留氯化鉀產物，由其重量數據可求得氯酸鉀、氯化鉀及氧的化學計量比。其化學反應式如下：

$$2KClO_3 \xrightarrow[\Delta]{MnO_2} 2KCl + 3O_2 \uparrow$$

　　則（氧重／氧分子量）：（氯酸鉀／氯酸鉀分子量）＝ 3：2

亦為氧與氯酸鉀的化學計量比為 3：2，比值為 1.5。利用此定律可測定氯酸
鉀混合物中，$KClO_3$ 之含量。對於氯酸鉀與氯化鈉（或其他加熱不會分解放出氧
之鹽類，如氯化鉀、氯化鈣均可）之混合物，加熱分解、由混合物減輕之重量即
為氯酸鉀分解放出氧之重量，再由氧之重量可以推求氯酸鉀原來的重量，因此求
出混合物中含氯酸鉀的重量百分率由下列關係式求出：

$$氯酸鉀重量 = \frac{氧重量}{氧的分子量} \times \frac{氯酸鉀的分子量}{1.5}$$

$$氯酸鉀重量百分率 = \frac{氯酸鉀重量}{混合物總重（克）} \times 100\%$$

亦可利用此定律，求氯酸鉀之化學式。

## 三、儀器與藥品

| 1. 硬質試管 | 2. 硫酸銅晶體($CuSO_4 \cdot 5H_2O$) | 3. 氯酸鉀固體($KClO_3$) |
|---|---|---|
| 4. $MnO_2$ 粉末 | 5. 氯酸鉀不純物 | 6. 線香 |

## 四、實驗步驟

### （一）晶體含水量的測定

1. 取一乾淨硬質試管，稱重（A 克），加入約 3 克 $CuSO_4 \cdot 5H_2O$，精稱其重量（B 克）。

2. 將試管用食指輕敲，使均勻平展在試管上使加熱均勻，然後用試管夾夾住式管，放於本生燈上均勻加熱。試管口切勿朝向人，以免加熱噴出傷及人。

3. 待試管中晶體成為白色粉末後，停止加熱，冷卻後稱重（C 克）。

4. 求出結晶水量(n)。

$$\frac{失去水重}{硫酸銅晶體重} = \frac{B-C}{B-A} = \frac{b}{a} = \frac{18n}{159.5+18n} = 0.37$$

## （二）氯酸鉀與氧之化學計量比

1. 取一乾淨硬質試管，加入約 0.20 克 $MnO_2$，精稱其重量($W_1$)，再加入約 1 克氯酸鉀，再精稱其重量($W_2$)。

2. 將試管用食指輕敲，使混合物均勻平展在試管上使加熱均勻，然後依圖 7-1 裝置，使硬質試管斜成 30°。夾住試管口，試管口切勿朝向人，以免加熱噴出傷及人。

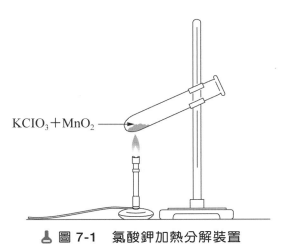

$KClO_3 + MnO_2$

♨ 圖 7-1 　氯酸鉀加熱分解裝置

3. 用本生燈先徐徐加熱，當固體熔化後，再以強火在試管底加熱數分鐘，使氯酸鉀完全分解，可以有餘燼之線香插入試管中測試是否有氧氣產生，若無，則餘燼不復燃，表已完全分解；待冷卻至室溫後，精稱其重量($W_3$)。

4. 求出氧及氯酸鉀之化學計量比。

5. 實驗結束，加 10 mL 蒸餾水於試管中，並將其內物質傾倒於指定回收桶中統一過濾，分離 $MnO_2$，洗滌後再回收使用，濾液稀釋後澆花（含 KCl）。

## （三）含氯酸鉀混合物之分析（氯酸鉀＋雜質）

1. 取另一支乾淨要試管、加入約 0.20 克 $MnO_2$，精稱之($W_1$)。

2. 由教師處領取未知試樣約 1 克，倒入上述硬試管中，再精稱之($W_2$)。

3. 按（一）之步驟 2.及 3.，進行混合均勻、加熱、冷卻、精稱($W_3$)等操作求出所損失之氧重。

4. 再求出氯酸鉀之重量及在混合物中之重量百分率。

5. 同（一）之步驟 5.過濾，但濾液回收。

# 實驗 7 | 化學計量

結果報告　　日期＿＿＿＿＿＿＿＿

| 班級 | | 組別 | |
|---|---|---|---|
| 姓名 | | 學號 | |

## 五、實驗數據記錄

### （一）晶體含水量的測定

| | | |
|---|---|---|
| 空試管重 | (A) | |
| 空試管+硫酸銅晶體重 | (B) | |
| 空試管+殘餘物重($CuSO_4$) | (C) | |
| 硫酸銅晶體淨重 | (B−A) | |
| 失去水重 | (B−C) | |
| (B−C)：(B−A) | | |
| 結晶水的莫耳數 | | |
| 硫酸銅晶體化學式 | | |

### （二）氧與氯酸鉀之化學計量比

| | | | |
|---|---|---|---|
| 空試管+$MnO_2$ 重 | ($W_1$) | | |
| 空試管+$MnO_2$+$KClO_3$ 重 | ($W_2$) | | |
| 空試管+$MnO_2$+殘餘物重 | ($W_3$) | | |
| $KClO_3$ 淨重 | ($W_2-W_1$) | | |
| 失去氧重 | ($W_2-W_3$) | | |
| $O_2$ 莫耳數 $(W_2-W_3)/32$ | X | | |
| $KClO_3$ 莫耳數 $(W_2-W_1)/122.5$ | Y | | |
| $O_2$ mole : $KClO_3$ mole = X : Y | | | |
| 氧與氯酸鉀之化學計量比 | | 理論值 | |
| | | 實驗值 | |

（三）未知試樣中氯酸鉀之重量百分比

| 空試管+$MnO_2$ 重 | ($W_1$) | |
|---|---|---|
| 空試管+$MnO_2$ +試樣重 | ($W_2$) | |
| 空試管+$MnO_2$+殘餘物重 | ($W_3$) | |
| 試樣淨重 | ($W_2-W_1$) | |
| 失去氧重 | ($W_2-W_3$) | |
| $O_2$ 莫耳數 $(W_2-W_3)/32$ | m | |
| 試樣中含 $KClO_3$ 重 $W=(m/1.5)\times122.5$ | | |
| 試樣含 $KClO_3$ 之重量百分率 | 理論值 | |
| $[ W\div(W_2-W_1) ] \times 100\%$ | 實驗值 | |

## 問題與討論

1. 本實驗中為何要先小火加熱至熔化，再用大火強熱？若直接強熱會發生何種現象？

2. 未知試樣 1.556 克（含氯酸鉀不純物），與 $MnO_2$ 共熱後，重量減少 0.320 克，試求試樣中含 $KClO_3$ 重量百分率。

3. 化學計量實驗中，為何不須精稱 $MnO_2$ 的重量？

## 實驗8

Chemistry Experiment
Environmental Protection

# 氣體定律——利用蒸氣密度測定分子量

UNIT 02

## 一、目 的

（一） 了解揮發性固體或液體之蒸氣密度的測定法。

（二） 由其蒸氣密度依理想氣體方程式計算化合物的分子量。

（三） 測定未知揮發性液體之分子量，藉以判別其化合物。

## 二、原 理

依理想氣體定律，$PV = nRT = (W/M)RT$（理想氣體方程式）

$$\Rightarrow M = WRT/PV = DRT/P \dotfill (1)$$

其中，M：氣體分子量

W：氣體質量

V：氣體體積

P：氣體壓力

D：蒸氣密度

R：氣體常數 0.082 L.atm/mole. K

假設氣體或揮發性高且不會熱分解的固體或液體之蒸氣為理想氣體時，則可在定溫、定壓下，測定蒸氣的密度，進而求得分子量。

本實驗係將液體試樣置於一已知體積的燒瓶 V(L)內，試樣經加熱在氣化溫度 T(K)，氣化壓力 P(atm)下使其完全氣化以產生蒸氣，冷卻後精稱，冷凝後之液體重為 W(克)，代入下式，可求出蒸氣密度，再由蒸氣密度求分子量。

$$D = W/V \dotfill (2)$$

$$M = DRT/P \dotfill (3)$$

此外，另亦可經由它與蒸氣密度的關係式，來決定未知試樣的分子量。

## 三、儀器與藥品

| 1. 鋁箔紙 | 2. 圓底燒瓶(125mL) | 3. 燒杯(500 mL) |
| 4. 溫度計 | 5. 量筒(10 mL) | 6. 乙酸乙酯 |
| 7. 酒精 | 8. 甲醇 | 9. 大氣壓力計 |

## 四、實驗步驟

### （一）已知試樣分子量的測定

1. 取一完全清潔乾燥的 125 mL 燒瓶，於此瓶口處緊縛一層鋁箔紙並於其中心刺一孔，並稱其重量($W_1$)。

2. 取已知試樣（如：乙酸乙酯等）3 mL，倒入已稱好重量的燒瓶內（鋁箔拆開後再原封緊縛），然後放入一個裝有 3/4 水之 500 mL 燒杯中，如圖 8-1 所示之裝置，將燒瓶緊夾於鐵架上。

3. 以水浴法加熱使水沸騰，觀察燒瓶中液體之蒸發情形，當瓶內液體全部蒸發後，測定此時水溫及室壓且分別記錄燒杯內水溫及室內大氣壓力立即取出燒瓶，用毛巾拭乾瓶外水分，放置冷卻。

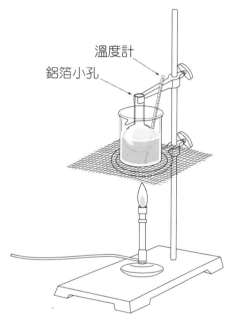

溫度計
鋁箔小孔

♨ 圖 8-1　測量液體分子量的裝置

4. 待冷卻後，精稱燒瓶及其中液體重量（包含鋁箔重）得 $W_2$，然後減去燒瓶的重量，得蒸氣的重量 W。

5. 用水裝滿燒瓶，然後將水倒入量筒中，測定燒瓶的體積 V（升）。

6. 將所得相關數據代入(2)(3)式中，計算試樣的密度及分子量。

### （二）未知試樣分子量的測定

　　由教師處領取 3 mL 的未知試樣（甲醇、乙醇或酯類），依上述方法測定其分子量。

# 實驗 8 | 氣體定律——利用蒸氣密度測定分子量

結果報告　　　日期＿＿＿＿＿＿＿＿

| 班級 | | 組別 | |
|---|---|---|---|
| 姓名 | | 學號 | |

## 五、實驗數據記錄

### （一）已知試樣分子量的測定

| 試樣名稱（化學式及中文名稱） | | |
|---|---|---|
| 空燒瓶+鋁箔紙重　$W_1$ | | |
| 空燒瓶+鋁箔紙重+冷凝液體重　$W_2$ | | |
| 水溫　T (K) | ℃ = | K |
| 大氣壓力　P (atm) | mmHg = | atm |
| 錐形瓶體積　V (L) | mL= | L |
| 試樣蒸汽重　$W=(W_2-W_1)$ | | |
| 蒸氣密度　D=W/V(L) | | |
| 試樣分子量　M=(W/PV)RT=(DRT)/P | 理論值 | |
| | 實驗值 | |

### （二）未知試樣分子量的測定

| 空燒瓶+鋁箔紙重　$W_1$ | | |
|---|---|---|
| 空燒瓶+鋁箔紙重+冷凝液體重　$W_2$ | | |
| 水溫　T (K) | ℃ = | K |
| 大氣壓力　P (atm) | mmHg = | atm |
| 錐形瓶體積　V (L) | mL = | L |
| 試樣蒸汽重　$W=(W_2-W_1)$ | | |
| 試樣分子量　M=(W/PV)RT | | |
| 蒸氣密度　D=W/V(L) | | |
| 試樣分子量　M=(W/PV)RT=(DRT)/P | | |
| 測定未知物之化學式及中文名稱 | | |

## 問題與討論

1. 某液體碳氫化合物，經分析得知碳與氫的克原子組成為 1：1，利用本實驗方法於 100°C，1 大氣壓下，測得該蒸氣 1 升的質量為 2.55 克，試求此化合物之分子式？

2. 本實驗（一）中、鋁箔中央為何要用小針刺一小孔，有何目的？若孔太大有何影響？

3. 真實氣體在何種狀況下，其性質會接近理想氣體？試述其理由。

實驗 9

Chemistry Experiment
Environmental Protection

# 化學計量－平衡方程式

## 一、目的

（一）利用氯化鈣與碳酸鈉反應說明沉澱反應。

（二）利用定量碳酸鈉與不同數量氯化鈣間的反應變化，說明化學計量。

（三）利用化學計量作圖，求出平衡方程式。

## 二、原理

　　對一化學反應 $X + Y \rightarrow C + D$，若生成物 C 的量可以被測定，則我們可以使用一定數量的反應物 X 和不同數量的反應物 Y 作用。當生成物 C 的產量不會隨著反應物 Y 用量的增加而遞增時，我們就可以得知與此一定數量 X 反應的 Y 的數量以及 X、Y、和 C 在反應中的比例，進而決定此一化學反應的平衡方程式。以 $Cd(NO_3)_2$ 溶液與 $Na_2S$ 溶液的沉澱反應為例，說明上述的方法。在 10 個裝有 6.00 mL 的 1.00M $Cd(NO_3)_2$ 溶液的燒杯中分別加入 1.00mL 至 10.00mL 體積的 1.00M $Na_2S$ 溶液，再分別測定 10 個燒杯裡所生成的沉澱物經過乾燥後的重量。當所加入的 $Na_2S$ 的數量少於燒杯中 $Cd(NO_3)_2$ 數量 6.00 mmol 時，沉澱物的重量約與所加入的 $Na_2S$ 的數量成正比；當所加入的 $Na_2S$ 的數量超過 6.00 mmol 時，沉澱物的重量幾乎為一定值。以沉澱物的重量對 $Na_2S$ 的數量作圖（圖 9-1）。在圖 9-1 裡，$Na_2S$ 的數量小於 6.00 mmol 的五點數據與圖形的原點幾乎成一條直線，$Na_2S$ 的數量超過 6.00 mmol 的四點數據則幾乎成一水平線。這兩條直線的交點落於 0.85g 的沉澱物與 6.00 mmol 的 $Na_2S$。由此可得知與 6.00 mmol $Cd(NO_3)_2$ 反應的 $Na_2S$ 為 6.00 mmol，兩反應物的莫耳數比為 1:1。再由反應物的比例可推得生成物為 $Cd(NO_3)_2$ 和 $Na_2S$。因此沉澱物應為 $CdS_{(s)}$，而此一化學反應的平衡方程式為：$Cd(NO_3)_{2(aq)} + Na_2S_{(aq)} \rightarrow CdS(s) + 2NaNO_{3(aq)}$

　　而且可以從生成物的式量確定沉澱物的種類。對 6.00 mmol Cd(NO$_3$)$_2$ 與 6.00 mmol Na$_2$S 的反應，若沉澱物為 NaNO$_3$ 則其莫耳數與重量應分別為 12.0mmol 與 $(12.0 \times 10^{-3}\text{mol})(85.0\text{g/mol}) = 1.02\text{g}$，若沉澱物為 CdS 則其莫耳數與重量應分別為 6.00 mmol 與 $(6.00 \times 10^{-3}\text{mol})(145\text{g/mol}) = 0.870\text{g}$。與燒杯 6 至 10 中沉澱物的平均重量 0.868g 以及圖 9-1 交點的 0.85g 相比，顯然沉澱物為 CdS 而非 NaNO$_3$。

　　環保署已將鎘金屬列為重汙染金屬，因此本實驗選擇使用氯化鈣(CaCl$_2$)與碳酸鈉(Na$_2$CO$_3$)的沉澱反應，學習決定一個化學平衡方程式係數的方法，以及如何有效的得到沉澱物，做為定量分析的依據。實驗中使用定量 Na$_2$CO$_{3\text{(aq)}}$ 與不同數量 CaCl$_{2\text{(aq)}}$ 的沉澱反應，將做 10 種不同反應物比例的實驗。最後再依據數據作圖，以決定平衡方程式。

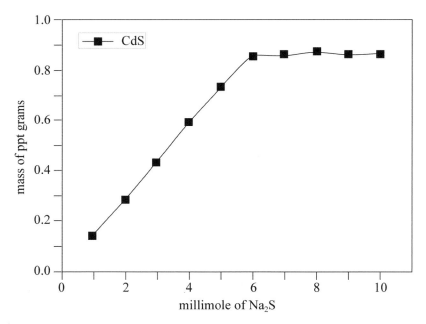

🧪 圖 9-1　沉澱物的重量與硫化鈉的數量的關係

## 三、儀器與藥品

| 1. 玻棒 | 2. 10 mL 量筒 | 3. 50 mL 燒杯 |
|---|---|---|
| 4. 濾紙 | 5. 布氏白瓷漏斗 | 6. 真空過濾裝置(suction) |
| 7. Na$_2$CO$_3$ 溶液 2M | 8. CaCl$_2$ 溶液 2M | |

## 四、實驗步驟

1. 以量筒量取指定體積的 2M $CaCl_2$ 溶液（如表 9-1）置於一 50mL 的燒杯中。

2. 在上述燒杯中加入 5.0 mL 的 2M $Na_2CO_3$ 溶液，再加入 10mL 蒸餾水於溶液中，並以玻棒攪拌混合均勻。

3. 將燒杯加熱二至三分鐘，以玻棒攪拌燒杯內的溶液和沉澱物，以防止因受熱不均而有溶液濺出。

4. 冷卻燒杯至室溫。

5. 取一片濾紙並以天平稱其重量（以原子筆在濾紙邊緣處標示重量及組別）。

6. 將濾紙置入白瓷漏斗中，將漏斗插入真空過濾裝置，再以蒸餾水潤濕濾紙。

7. 將冷卻後的燒杯中的液體以玻璃棒導入漏斗中。

8. 以 5 mL 的蒸餾水洗滌燒杯中的沉澱物，以玻璃棒攪拌，將燒杯裡所有的內含物倒入漏斗中。再以蒸餾水洗滌燒杯和玻璃棒，將殘留的沉澱物倒入漏斗中。

9. 過濾後，小心的將濾紙從漏斗中取出置於乾淨的衛生紙上。

10. 重覆步驟 1 至 9 一次。

11. 將濾紙放到另取的乾淨的衛生紙上置於規定位置存放。到下次實驗時再取出稱重。

### 表 9-1　$CaCl_2$ 與定量 $Na_2CO_3$ 反應

| 實驗編號 | 1 | 2 | 3 | 4 | 5 | 6 | 7 | 8 | 9 | 10 |
|---|---|---|---|---|---|---|---|---|---|---|
| 2M$CaCl_2$ 體積(mL) | 1.0mL | 2.0mL | 3.0mL | 4.0mL | 5.0mL | 6.0mL | 7.0mL | 8.0mL | 9.0mL | 10.0mL |
| 2M$Na_2CO_3$ 體積(mL) | 5.0 mL | | | | | | | | | |

UNIT 02

# 實驗 9 ｜ 化學計量－平衡方程式

結果報告　　日期＿＿＿＿＿＿

| 班級 | | 組別 | |
|---|---|---|---|
| 姓名 | | 學號 | |

## 五、實驗數據記錄

（一）實驗數據

| S實驗編號 | 1 | 2 | 3 | 4 | 5 | 6 | 7 | 8 | 9 | 10 |
|---|---|---|---|---|---|---|---|---|---|---|
| $2MCaCl_2$ 體積(mL) | 1.0mL | 2.0mL | 3.0mL | 4.0mL | 5.0mL | 6.0mL | 7.0mL | 8.0mL | 9.0mL | 10.0mL |
| $CaCl_2$ mmol | | | | | | | | | | |
| $2MNa_2CO_3$ 體積(mL) | | | | | | | | | | |
| $Na_2CO_3$ mmol | | | | | | | | | | |
| 濾紙＋ 沉澱物(g) | | | | | | | | | | |
| 濾紙(g) | | | | | | | | | | |
| 沉澱物(g) | | | | | | | | | | |

（二）作圖

（三）化學計量（計算）


（四）平衡反應方程式

 問題與討論

1. 簡述平衡方程式與化學計量的關係？


2. 反應方程式 $Na_2CO_{3(aq)} + CaCl_{2(aq)} \rightarrow CaCO_{3(s)} + NaCl_{(aq)}$（未平衡）

   若有 0.10 mole 的碳酸鈉完全反應，產生若干克的碳酸鈣沉澱？

實驗 10

Chemistry Experiment
Environmental Protection

# 溶液濃度的測定

UNIT 02

## 一、目 的

（一） 了解溶液濃度之計算。

（二） 計算鹽溶液的重量百分濃度(w/w)及重量體積百分率(w/v)。

（三） 並計算溶液的體積莫耳濃度(M)及重量莫耳濃度(m)以及莫耳分率。

（四） 稀釋鹽溶液並蒸乾，計算該稀釋試樣的五種濃度(%w、%w/v、M、m、X)。

## 二、原 理

### （一）溶液濃度的測定

濃度(concentration)為定量溶劑（或溶液）中溶質的含量。常用的濃度單位有(1)重量百分率濃度、(2)重量體積百分率濃度、(3)體積莫耳濃度、(4)莫耳分率、(5)重量莫耳濃度。

所謂重量百分率濃度，是指每 100 克溶液中所含溶質的克數即

$$重量百分濃度(\%w) = \frac{溶質克數}{溶液克數} \times 100\%$$

所謂重量體積百分率濃度，是指每 100 mL 溶液中所含溶質克數，即

$$重量體積百分濃度(\%w/v) = \frac{溶質克數}{溶液體積(mL)} \times 100\%$$

所謂體積莫耳濃度(molar concentration, molarity)，是指每 1 升溶液中所含溶質莫耳數，即

$$莫耳濃度(M) = \frac{溶質莫耳數}{1升溶液}$$

所謂莫耳分率(mole fraction)，是指成分莫耳數除以溶液總莫耳數，即

$$莫耳分率 X = \frac{溶質或溶劑莫耳數}{溶液總莫耳數}$$

所謂重量莫耳濃度(molar concentration, molarity)，是指每 1 公斤溶劑中所含溶質莫耳數，即

$$重量莫耳濃度(m) = \frac{溶質莫耳數}{1公斤溶劑}$$

本實驗中先量出一定體積的 NaCl 溶液及溶液的重量，將該溶液蒸乾而稱出鹽重量，由體積與重量可算出原先溶液的濃度。水溶液的稀釋加水即可，因為增加了體積，溶質相對的減少，而稀釋液的濃度就會比原先溶液的濃度來得小（不論百分濃度、莫耳濃度、莫耳分率或是重量莫耳濃度）。

## （二）溶液的配製

配製溶液時，先利用濃度公式計算出溶質的需求量（質量或體積），再加水稀釋到所需的總容量（體積）。

### 1. 固體溶質

不易吸濕的物質可用稱量紙量取，易吸濕的物質以用秤量瓶量取，如為強鹼物質(NaOH)請以塑製秤量瓶量取，將溶質完全轉移至定量瓶中，加水至定量瓶約一半的體積左右搖晃，且至溶質完全溶解後再加水至刻度線（圖 10-1）。

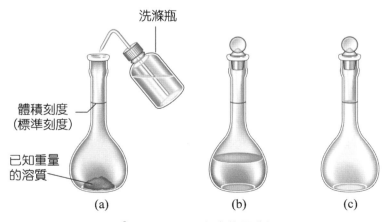

洗滌瓶

體積刻度
(標準刻度)

已知重量
的溶質

(a)　　　　　(b)　　　　　(c)

**圖 10-1　溶液的配製**

### 2. 液體溶質

取用高濃度的溶液配製較低濃度的溶液的過程，稱為稀釋。

一般先計算量取適量高濃度溶液，再加適量溶劑，但在配製強酸溶液時，須先取約所需水量的一半，再慢慢滴加強酸，以避免產生高熱而爆炸。

## 三、儀器與藥品

| 1. 攪拌棒 | 2. 燒杯(100 mL、300 mL) | 3. 蒸發皿 |
|---|---|---|
| 4. 量筒(10 mL) | 5. 氯化鈉固體 | 6. 定量瓶(100 mL) |

配製溶液：

1. 固體溶質：配製 0.25 M 的 NaCl 溶液 100 mL。

2. 液體溶質：以 0.25 M 的 NaCl 溶液配製 0.10 M 的 NaCl 溶液 100 mL。

## 四、實驗步驟

### （一）溶液濃度測定

1. 稱空蒸發皿，記錄重量。

2. 用量筒取 5 mL 0.25 M NaCl 溶液，記錄體積。

3. 將 5 mL NaCl 溶液倒入蒸發皿，稱重。

4. 將 300 mL 燒杯盛約半滿的水，置於石棉心網上，將蒸發皿放在燒杯上面，將燒杯的水加熱至沸騰（如圖 10-2）。

5. 若燒杯內水太少，可再添至半滿。

6. 當 NaCl 快乾時，小心地取下蒸發皿（可用抹布幫忙），並以抹布擦乾底部，直接將蒸發皿放到石棉心網上。

7. 慢慢加熱到 NaCl 全乾為止。

8. 冷卻約 10 分鐘。

9. 精確稱蒸發皿與乾 NaCl 的總重。

10. 計算食鹽的濃度。

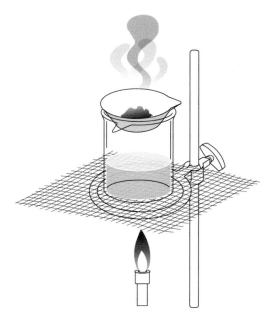

▲ 圖 10-2　溶液水浴蒸發裝置


## （二）未知溶液濃度測定

1. 另外取一個蒸發皿稱重，另外取 5 mL 0.10 M NaCl 溶液，倒入蒸發皿中，連蒸發皿稱重。

2. 以（一）同樣的方式加熱稀釋的鹽溶液。

3. 計算未知食鹽溶液的濃度。

# 實驗 10 ｜ 溶液濃度測定

結果報告　　　日期_____

| 班級 | | 組別 | |
|------|---|------|---|
| 姓名 | | 學號 | |

## 五、實驗數據記錄

（一）溶液濃度的測定

| | | | |
|---|---|---|---|
| 空蒸發皿重 | $W_0$ | | g |
| NaCl 溶液體積 | V | mL= | L |
| 蒸發皿+NaCl 溶液重 | $W_1$ | | g |
| NaCl 溶液重 | $(W_1 - W_0)$ | | g |
| 蒸發皿+乾 NaCl 重 | $W_2$ | | g |
| NaCl 淨重 | $(W_2 - W_0)$ | | g |
| NaCl 的莫耳數 | $(W_2 - W_0) \div 58.5$ | | mole |
| 水重（溶劑） | $(W_1 - W_2)$ | g= | Kg |
| 水的莫耳數 | $(W_1 - W_2) \div 18$ | | mole |
| 溶液總莫耳數＝（NaCl 莫耳數+水的莫耳數） | | | mole |
| 重量百分率濃度　$[(W_2 - W_0) \div (W_1 - W_0)] \times 100\%$ | | | %(w/w) |
| 重量體積百分率濃度　$[(W_2 - W_0) \div (V)] \times 100\%$ | | | %(w/v) |
| 莫耳濃度(M)　NaCl 莫耳數÷溶液體積（升） | | | M |
| 莫耳分率(X)　NaCl 莫耳數÷溶液總莫耳數 | | | |
| 重量莫耳濃度(m)　NaCl 莫耳數÷溶劑重（公斤） | | | m |

## （二）未知溶液的濃度

| | | | |
|---|---|---|---|
| 空蒸發皿重 | $W_0$ | | g |
| NaCl 溶液體積 | V | mL= | L |
| 蒸發皿+NaCl 溶液重 | $W_1$ | | g |
| NaCl 溶液重 | $(W_1-W_0)$ | | g |
| 蒸發皿+乾 NaCl 重 | $W_2$ | | g |
| NaCl 淨重 | $W_2-W_0$ | | g |
| NaCl 的莫耳數 $(W_2-W_0) \div 58.5$ | | | mole |
| 水重（溶劑） | $(W_1-W_2)$ | g= | Kg |
| 水的莫耳數 | $(W_1-W_2) \div 18$ | | mole |
| 溶液總莫耳數=（NaCl 莫耳數+水的莫耳數） | | | mole |
| 重量百分率濃度　$[(W_2-W_0) \div (W_1-W_0)] \times 100\%$ | | | %(w/w) |
| 重量體積百分率濃度　$[(W_2-W_0) \div (V)] \times 100\%$ | | | %(w/v) |
| 莫耳濃度(M)　NaCl 莫耳數÷溶液體積（升） | | | M |
| 莫耳分率(X)　NaCl 莫耳數÷溶液總莫耳數 | | | |
| 重量莫耳濃度(m)　NaCl 莫耳數÷溶劑重（公斤） | | | m |

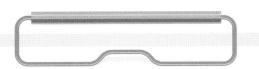

## 問題與討論

1. 重量百分率濃度與體積莫耳濃度換算時為何需要溶液密度或比重？

2. 將 5.85 克 NaCl(fw=58.5)溶於水中，配成總體積為 250 mL 的溶液，則此食鹽水溶液之體積莫耳濃度為若干 M？

3. 承上題，百分率濃度為若干%(w/v)？若溶液比重為 1.02，則其重量百分率濃度為若干 %(w/w)？莫耳分率為若干？

**實驗** 11

Chemistry Experiment
Environmental Protection

# 硝酸鉀溶解度曲線繪製及天氣瓶製作

## 一、目 的

（一） 了解溶解度的意義及其表示法。

（二） 繪製硝酸鉀的溶解度曲線。

（三） 利用物質溶解度不同製作天氣瓶。

## 二、原 理

　　溶解度(solublity)定義為定溫下，定量的溶劑可溶解溶質的最大量，稱為此溶質的溶解度。通常在表示溶解度時所用的濃度單位為每 100 克溶劑所含溶質的克數或以每仟克溶劑中所含溶質的莫耳數（即重量莫耳濃度 m）表示。固體的溶解度隨溫度的不同而改變，因此表示溶解度時須標明溫度，例如：在 20°C 時，氯化鈉在 100 克水中所能溶解的最大量為 36 克，則溶解度可記為 $36^{20}$。固體的溶解度，除了與其本性及溶劑的本性有關外，尚受溫度的不同而改變，若溶解過程為吸熱者，則溶質的溶解度隨溫度的升高而增加，例如：硝酸銀、硝酸鈉、氯化鈣、硝酸鉛、硝酸鉀及重鉻酸鉀等的溶解度；相反的，若溶解過程為放熱者，則溶解度隨溫度的升高而減少，例如：硫酸鈉、硫酸鈰等的溶解度。繪已知溶質在各溫度的溶解度，則可得如圖 11-1 的溶解度曲線(solubility curve)。由溶解度曲線圖中，各物質溶解度隨溫度而變化的情形，可一目了然，凡未經實測的溶解度亦可從圖中查出。應用各種鹽類溶解度曲線的相互關係，可藉結晶法(crystallization)分離各種鹽類。

　　本實驗利用結晶法測定溶解度。再將不同濃度硝酸鉀溶液，加熱溶解後，放冷觀察其晶體析出時的溫度，繪製其溶解度曲線。再利用再結晶法將硝酸鉀精製回收。

　　天氣瓶內結晶的變化，主要是由於溶液內的樟腦、硝酸鉀、氯化銨在水與乙醇混合溶劑內的溶解度會隨著溫度變化。溫度改變時，三種物質的結晶析出、溶解速度有差異而造成的交互作用。而溫度的變化速度，則會影響結晶的成長大小與結構。這些因素加總起來，造成瓶內晶體型態萬千的美麗變化天氣瓶隨著外界溫度展現出多變的晶體變化，仍可作為一個美麗的裝飾。也可做為有趣的科學教材，學習溶液的配置與結晶行為。

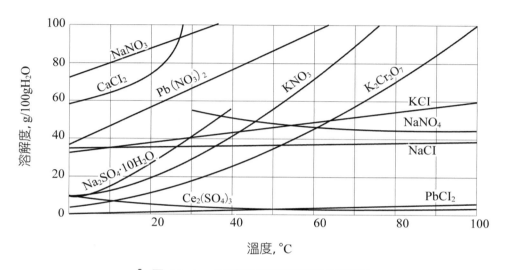

🧪 **圖 11-1　固體溶解度與溫度的關係**

## 三、儀器與藥品

| 1. 大試管 | 2. 燒杯(500 mL) | 3. 溫度計 |
|---|---|---|
| 4. 攪拌棒 | 5. 布氏漏斗 | 6. 濾紙 |
| 7. 硝酸鉀固體 | 8. 冰塊 | 9. 抽氣過濾裝置 |
| 10.氯化銨固體 | 11.天然樟腦 | 12.酒精 |
| 13.100 mL 透明玻璃瓶 | 14.燈泡瓶 125 mL | 15.量筒(10 mL) |

## 四、實驗步驟

### （一）硝酸鉀溶解度曲線的繪製

1. 取一支潔淨大試管，加入 5 mL 水，再加入 8 克 $KNO_3$ 固體，置熱水浴中加熱（熱水浴應避免超過 80°C），直到所有固體完全溶解為止（盡量避免水分蒸發）。

2. 將溫度計插入大試管中的硝酸鉀溶液中，緩慢攪拌，使溶液自然冷卻，觀察晶體析出時的溫度並記錄之。

3. 再於上述試管中，依次加入 1mL、1mL、1mL、2mL、2mL 的水，重複 2.步驟，觀察並記錄晶體析出時的溫度。

4. 將上述數據，以 $KNO_3$ 溶解度（克／100 克水）為縱軸，晶體析出溫度為橫軸，並以方格紙繪出 $KNO_3$ 的溶解度曲線。

## （二）硝酸鉀精製回收

1. 將實驗（一）大試管中之 $KNO_3$ 溶液到入小燒杯，加熱溶解濃縮。

2. 將小燒杯於冷水浴中冷卻。

3. 利用布氏漏斗過濾，用少量冷水沖洗所得晶體每次用水量應少，以免結晶溶解，重複沖洗，至結晶無色。

## （三）天氣瓶的製作

1. 分別秤取 2.5 克硝酸鉀($KNO_3$)以及 2.5 克氯化銨($NH_4Cl$)，加入 33 mL 蒸餾水中。

2. 秤取 8.5 克樟腦，加入 40 mL 乙醇（酒精）中。

3. 將上述二步驟的溶液互相混合在錐形瓶中（會形成白色沉澱的溶液），然後將錐形瓶以橡皮塞密封。

4. 完成後，將混合溶液放置於 35°C 溫水中水浴（隔水加熱）並輕輕搖晃，白色沉澱會逐漸溶解，約 20 分鐘後形成澄清透明溶液[註]。

### 注意

加熱時，由於已經用橡皮塞密封，請注意水溫溫度不要太高，以避免瓶內的酒精蒸氣壓太高而爆開。

註 隔水加熱之後，如果無法成為澄清無色溶液，可能是樟腦的純度有問題，市售的樟腦常含有萘(Naphthalene)，建議購買化學原料行的試藥級樟腦，純度比較有保障。

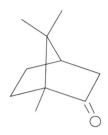

🔬 圖 11-2　樟腦(Camphor, $C_{10}H_{16}O$)的分子結構式

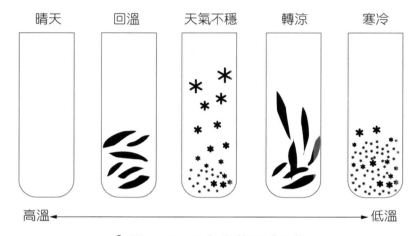

🔬 圖 11-3　天氣瓶的晶體變化

# 實驗 11 | 硝酸鉀溶解度曲線繪製及天氣瓶製作

結果報告　　　日期＿＿＿＿＿＿＿

| 班級 | | 組別 | |
|------|------|------|------|
| 姓名 | | 學號 | |

## 五、實驗數據記錄

（一）硝酸鉀的溶解度曲線

| 溶解 8 克 $KNO_3$ 水的體積 | $KNO_3$ 的溶解度 （g/100 克水） | $KNO_3$ 重量莫耳濃度 (m) | 晶體析出的溫度 (℃) |
|------|------|------|------|
| 5 mL | 160.0 | 15.84 m | |
| 6 mL | | | |
| 7 mL | | | |
| 8 mL | | | |
| 10 mL | | | |
| 12 mL | | | |

溶解度曲線作圖

（二）硝酸鉀精製回收

| 樣品 $KNO_3$ 的原重 | $W_0$ | |
|------|------|------|
| 精製乾燥後之晶體重量 | $W_1$ | |
| 回收率$(W_1 \div W_0) \times 100\%$ | | |

（三）天氣瓶製作

## 問題與討論

1. 重量莫耳濃度(molarity)：即 1,000 克溶劑中所含溶質的莫耳數。將 2.02 克的 $KNO_3$ (fw=101) 溶於 1,000 克的水中，其重量莫耳濃度(m)為多少？

2. 在實驗（二）的部分測定 $KNO_3$ 之溶解度與溫度的關係，為何不希望水沸騰蒸發？又冷卻時為何須慢慢攪拌，令溶液自然冷卻？試分別說明其理由。

3. 請說明天氣瓶的原理？

## 實驗 12

Chemistry Experiment
Environmental Protection

# 液體的運送——過濾、透析與滲透
（化學花園）

## 一、目 的

（一） 觀察溶液的不同運送方式。

（二） 測定懸浮液、膠體溶液及真溶液中顆粒通過濾紙或薄膜的能力。

（三） 從化學花園的製作瞭解滲透作用。

## 二、原 理

　　物質進出細胞是藉三種力量：(1)重力所產生的過濾作用(filtration)；(2)只允許 $H_2O$ 通過半透膜的滲透作用(osmosis)；(3)濃度差存在時，$H_2O$ 與真溶液的粒子皆能通過半透膜的透析作用(dialysis)。

　　滲透作用是僅讓水通過半透膜而留下蔗糖粒子在膜內。滲透作用是水由低濃度擴散至高濃度的區域，也就是水向溶質濃度高處擴散的過程。

　　體內大部分的細胞膜都是透析膜(dialyzing membrane)。例如，小腸道即為半透膜，可允許已消化食物的簡單粒子或真溶液粒子通過而進入血液與淋巴液中。較大或不完全消化的食物顆粒（膠體）則留在腸道內。另外透析膜也可用在血液透析(hemodialysis)以清除有毒的粒子（特別是尿素）至血液外。紅血球的細胞膜亦為半透膜，在血漿中紅血球的滲透壓與 0.90％食鹽水溶液的滲透壓相等，因此紅血球在 0.90％食鹽水中，不起任何變化。此濃度的食鹽水稱為生理食鹽水。若將紅血球置入蒸餾水中，由於滲透作用，紅血球逐漸膨大，結果細胞膜耐不住膨脹而破裂。植物的細胞壁由纖維素所形成，若將植物置於高滲透壓溶液中，細胞內的水反而向外滲透，造成植物之萎凋。因而少量之肥料可以促進植物生長，但若施給過量的肥料反而導致植物的枯萎。

　　若於水玻璃（矽酸鈉）溶液中，加入金屬鹽的晶體時，金屬離子可與水玻璃作用，在金屬表面形成偏矽酸鹽的薄膜，此薄膜具有半透膜的功效。而水玻璃溶液的水則經半透膜向晶體內滲透。但滲透的水使晶體溶解，進而使半透膜膨脹破裂，使溶解的金屬鹽溶液流出。流出液的表面又構成半透膜。水又滲透進入，再度破裂，流出溶解的金屬溶液，如此繼續進行生長結果形成許多線狀物。因此水玻璃溶液中，若加入各種金屬鹽，可形成各種顏色不同的線狀物，構成美麗的化學花園(chemical garden)（如圖 12-1）。本實驗利用檢定試驗觀察液體的過濾現象及利用各金屬鹽的晶體在水玻璃溶液中的滲透現象探討液體滲透作用，製作美麗的化學花園。

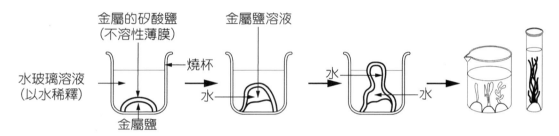

**圖 12-1　水玻璃滲透作用**

## 三、儀器與藥品

| 1. 燒杯(100 mL) | 2. 試管 | 3. 漏斗 |
|---|---|---|
| 4. 濾紙 | 5. 塑膠滴管 | 6. 活性碳 |
| 7. 水玻璃（矽酸鈉 $Na_2SiO_3$） | 8. 10% NaCl 溶液 | 9. 本尼迪克試劑（本氏液）[註1] |
| 10. 0.10%碘試液 | 11. 氯離子測試紙 (Test Chlorures Merck) | 12. 硫酸鐵 |
| 13. 氯化鐵 | 14. 氯化鈷 | 15. 硫酸鎳 |
| 16. 澱粉指示劑(0.5%)[註2] | 17. 硫酸鎂 | 18. 硝酸鉀 |

註 1. 本尼迪克試劑(Benedict's reagent)配製：取 17.3 克 $CuSO_4 \cdot 5H_2O$ 固體，100 克 $Na_2CO_3$ 及 130 克檸檬酸鈉(sodium citrate)置於 1 升定量瓶中，加水稀釋至 1 升。

　2. 澱粉指示劑(0.50%)配製：取 0.50 克澱粉，以少量水攪和，緩慢倒入 100 mL 沸水之燒杯中，繼續煮沸一分鐘。若欲保存，每 100 mL 可加 2 克硼酸。

# 四、實驗步驟

## （一）檢定試驗(Identifying test)

在實驗過程中，需要判斷某些特殊物質是否存在溶液中，需準備：

1. 在小燒杯中，放入 5mL 的 1 M glucose 葡萄糖，5mL 的 10% NaCl 及 5mL 的 0.5%澱粉溶液。

2. 混合均勻後，準備三支乾淨試管，將混合液各倒 5mL 至各試管中。

3. 進行下面的檢定步驟，並記錄結果。

4. 試管(1)：以氯離子檢驗試紙(chloride test)測試之（由褐色變黃），以檢定是否有 Cl⁻ 存在。

   試管(2)：加 3~4 滴 I₂ 試劑以檢定是否有澱粉(starch)存在。

   試管(3)：加 5mL Benedict's 試劑並於沸水浴上加熱 5 分鐘以檢定是否有葡萄糖(glucose)存在。

## （二）過濾作用(Filtration)

1. 在小燒杯中，準備 5mL 的 0.5%澱粉溶液，並加入少量活性碳及 10mL 蒸餾水混合物。

2. 將混合物以濾紙在漏斗上過濾。

3. 將濾液收集在試管中。

4. 觀察活性碳是否留在濾紙或濾液中，記錄結果。

5. 將 I₂ 試劑加入濾液中以檢定是否含有澱粉，記錄結果。

6. 檢定澱粉及活性碳的粒子是屬於膠體粒子，還是懸浮液粒子。

## （三）滲透作用(Osmosis)——化學花園(Chemical garden)

1. 在 100mL 的錐形瓶中，添加 40mL 市售水玻璃（註3），再加入 60mL 水，並加熱溶解。

2. 冷卻後，於水玻璃水溶液中，投入兩粒氯化鐵小晶體，觀察其滲透作用（圖 12-2）及顏色。

3. 繼續加入硝酸鈷、硫酸亞鐵、硫酸鎂、硫酸銅、及硫酸鎳等晶體,觀察其滲透作用及顏色並記錄之。

4. 經滲透作用形成美麗的化學花園(如圖 12-2)。

圖 12-2　化學花園

註 3.若無矽酸鈉,亦可以磷酸鈉$(Na_3PO_4)$飽和溶液取代矽酸鈉。

# 實驗 12 | 液體的運送──過濾、透析 與滲透（化學花園）

結果報告　　　日期＿＿＿＿＿＿＿

| 班級 | | 組別 | |
|---|---|---|---|
| 姓名 | | 學號 | |

## 五、實驗數據記錄

### （一）檢定試驗(Identifying test)

| 試劑 | $AgNO_3$ | $I_2$ 試劑 | Benedict's 試劑 |
|---|---|---|---|
| 試管(1) | | | |
| 試管(2) | | | |
| 試管(3) | | | |

### （二）過濾作用(Filtration)

| 試劑 | 濾液 | 濾物 |
|---|---|---|
| 過濾 | | |
| 碘液 | | |

### （三）滲透作用(Osmosis)－化學花園(Chemical garden)

| 晶體種類 | $FeCl_3$ | $CoCl_2$ | $FeSO_4$ | $CuSO_4$ | $Ni_2(SO_4)_3$ | $MgSO_4$ | $KNO_3$ |
|---|---|---|---|---|---|---|---|
| 晶體顏色 | | | | | | | |
| 滲透狀態 | | | | | | | |

## 問題與討論

1. 人體注射 0.9%以上的食鹽水，易發生脫水現象，反之，若注射 0.9%以下之食鹽水，則易發生水腫現象，試以滲透原理說明之。

2. 使用糖、鹽醃蔬菜或水果時，果菜漸呈凋萎狀，試說明之。

3. 如何檢定溶液中是否含有葡萄糖、NaCl 及澱粉？（寫出檢定過程）

## 實驗 13

Chemistry Experiment
Environmental Protection

# 反應速率

## 一、目的

（一） 觀察不同化學反應之速率差異。

（二） 利用東青油製作說明有機反應。

（三） 反應物濃度對亞甲藍改變顏色的影響，說明氧化還原反應。

## 二、原理

　　一反應在單位時間內單位體積，反應物消失的量或生成物產生的量，稱反應速率。一般而言；定溫下之反應速率；中和反應＞沉澱反應＞氧化還原反應＞有機反應，通常反應涉及鍵的破壞及形成，反應速率均較慢。

1. 第一部分：探討反應速率的快慢。

　　本實驗藉氫氧化鈉與鹽酸反應、氯化鋇與硫酸鈉的反應、草酸根與過錳酸根的反應及水楊酸與甲醇的反應，藉著其顏色及氣味的改變探討反應速率。反應方程式如下：

$$HCl_{(aq)} + NaOH_{(aq)} \rightarrow NaCl_{(aq)} + H_2O_{(l)}$$

$$BaCl_{2(aq)} + Na_2SO_{4(aq)} \rightarrow BaSO_{4(s)} \downarrow + 2NaCl_{(aq)}$$
白色沉澱

$$5C_2O_4^{-2} + 2MnO_4^- + 16H^+ \rightarrow 2Mn^{+2} + 10CO_2 + 8H_2O$$

無色　　　　紫紅色　　　　　　　　無色

OH
COOH

+ CH₃OH $\xrightarrow{H^+}$

OH
O
‖
C
OCH₃

+ H₂O

水楊酸　　　　　　　甲醇　　　　　　　　　　水楊酸甲酯
（冬青油）

　　影響反應速率的因素：(1)反應物的本性、(2)反應物的濃度、(3)反應物的壓力、(4)反應系的溫度、(5)反應物的粒子大小、(6)催化劑、(7)光能。

2. 第二部分：改變反應物的濃度以觀察濃度對亞甲藍(methylene blue)改變顏色的影響，進而推測真正的反應物，並探討葡萄糖所扮演的角色。

（葡萄糖）

亞甲基藍　$\xrightleftharpoons[\text{氧化}]{\text{還原}}$　亞甲基藍
（藍色）　　　　　　　　　（無色）

（空氣中的氧）

　　葡萄糖為還原糖，當溶液靜置時，葡萄糖將亞甲藍由藍色的氧化態慢慢還原成無色的還原態，搖盪時瓶內空氣中的氧溶於溶液中，又將亞甲藍由無色的還原態氧化成藍色的氧化態，由其結構式可以看出亞甲藍在氧化態時有共軛雙鍵，因此吸收光往長波長移動，導致呈現藍色。但在還原態時則無共軛雙鍵的存在。藍瓶實驗為試劑用量少、容器小且省時省事的小而美實驗，符合綠色化學的重視環境精神，而且適合與學生在教室內，每人可以安全地動手親自操作的實驗，使學生能細心觀察化學變化，由化學反應速率推測反應物以及反應的起因。

# 三、儀器與藥品

| | | |
|---|---|---|
| 1. 燒杯(100 mL) | 2. 試管 | 3. 攪拌棒 |
| 4. 1 M HCl | 5. 0.10 M HCl | 6. 2 M NaOH |
| 7. 酚酞指示劑 | 8. 0.10 M $BaCl_2$ | 9. 0.10 M $Na_2SO_4$ |
| 10. 0.10 M $Na_2C_2O_4$ | 11. 0.10 M $FeSO_4$ | 12. 1 M $H_2SO_4$ |
| 13. 0.10 M $KMnO_4$ | 14. 2 M HCl | 15. 甲醇 |
| 16. 水楊酸粉末 | 17. 濃硫酸 | 18. 2% 葡萄糖 |
| 19. 2% NaOH | 20. 亞甲藍指示劑 | 21. 50 mL 錐型瓶(含蓋) |

# 四、實驗步驟

## （一）快與慢的反應

1. 中和反應($H^+ + OH^- \rightarrow H_2O$)

    (1) 取 5 mL 的 1 M HCl 於試管中，加入酚酞指示劑一滴。

    (2) 取 2 M NaOH 3mL 加入，觀察其變為粉紅色的時間。

2. 沉澱反應（$BaSO_4$ 沉澱）

    (1) 將 1 mL 的 1 M $BaCl_2$ 加到 3 mL 的 1 M $Na_2SO_4$ 溶液中並攪拌。

    (2) 注意結果（尤其是反應的快慢）。

3. 氧化還原反應（$MnO_4^-$ 與 $C_2O_4^{-2}$ 的反應）

    (1) 在試管中置 3 mL 的 0.10 M $Na_2C_2O_4$ 並邊攪拌加入 1 mL 的 1 M $H_2SO_4$。

    (2) 加入 3 滴 0.10 M $KMnO_4$，注意溶液由紫色變為棕色及無色的時間（該反應需僅數分鐘，不會等太久）。

    (3) 重複步驟 1.~2.，至溶液不再褪色。

4. 有機反應（酯化反應），東青油製備

    (1) 取一大試管加入 2 mL 的甲醇及少量水楊酸粉末及 10 滴的濃硫酸混合攪拌之。

    (2) 靜置一小時，並觀察其反應現象。

    (3) 若無反應將試管利用水浴加熱，不斷的搖盪試管，觀察反應現象（是否有清涼香味溢出）。

    (4) 用玻棒沾點液體，在手背擦擦看，是否有涼爽的感覺？

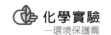

5. 比較以上四種反應的速率大小。

6. 實驗結束，將試液倒入廢液桶中，集中處理。

## （二）有趣藍瓶試驗

1. 用一個 50 mL 錐形瓶來混合等量的葡萄糖溶液(2%)與氫氧化鈉溶液(2%)，用 3mL 的吸管一吸放溶液數次使其混合均勻。

2. 將混合液用吸管吸取，等分於 3 個 50 mL 錐形瓶 A、B、C。

3. 在 A 瓶內加 5 mL 葡萄糖溶液，在 B 瓶內加 5 mL 的蒸餾水，在 C 瓶內加 5 mL 的氫氧化鈉溶液。

4. 在各瓶內滴入亞甲藍溶液數滴，至溶液呈現適當的藍色。

5. 蓋緊瓶蓋後，分別搖動瓶子使溶液混合均勻。靜置數分鐘，觀察藍色褪去。分別記錄各溶液顏色由藍色逐漸褪成無色的時間於實驗記錄表。

6. 再用力搖動塑膠瓶，至溶液再呈現藍色後，再靜置數分鐘，記錄溶液又變成無色的時間。

7. 重複 5 與 6 的步驟數次，分別記錄變成無色的時間。

8. 計算顏色褪去所需的時間於記錄表內。

# 實驗 13 | 反應速率

結果報告　　日期＿＿＿＿＿＿＿＿

| 班級 | | 組別 | |
|---|---|---|---|
| 姓名 | | 學號 | |

## 五、實驗數據記錄

### （一）快與慢的反應

#### 1. 中和反應(HCl + NaOH)

| 溶液種類 | HCl | NaOH | 酚酞 |
|---|---|---|---|
| 溶液顏色 | | | |
| 混合後變色時間 | | | |
| 反應方程式 | | | |

#### 2. 沉澱反應($BaCl_2$ + $Na_2SO_4$)

| 溶液種類 | $BaCl_2$ | $Na_2SO_4$ |
|---|---|---|
| 溶液顏色 | | |
| 反應後顏色 | | |
| 反應方程式 | | |
| 混合後產生沉澱所需時間 | | |

#### 3. 氧化還原反應 ($MnO_4^-$ + $C_2O_4^{-2}$)

| 溶液種類 | $Na_2C_2O_4$ | $KMnO_4$ | $H_2SO_4$ |
|---|---|---|---|
| 溶液顏色 | | | |
| 混合後的顏色 | | | |
| 紫色→棕色的時間 | (1) | (2) | (3) |
| 棕色→無色的時間 | (1) | (2) | (3) |
| 反應方程式 | | | |

4. 有機反應（酯化反應）

| 溶液種類 | 甲醇 | 水楊酸 |
|---|---|---|
| 反應物顏色或狀態 | | |
| 靜置 1hr 後有無香味？ | | |
| 加熱後，是否有清涼香味溢出？ | | |
| 反應方程式 | | |

5. 根據實驗結果比較以上反應的反應快慢：

　　＿＿＿＿＿＿ ＞ ＿＿＿＿＿＿ ＞ ＿＿＿＿＿＿ ＞ ＿＿＿＿＿＿

## （二）有趣藍瓶試驗

| 操作次數 | 藍色褪成無色的時間（秒） | | |
|---|---|---|---|
| | A 瓶 | B 瓶 | C 瓶 |
| 1 | | | |
| 2 | | | |
| 3 | | | |
| 4 | | | |
| 5 | | | |

## 問題與討論

1. 試述影響反應速率的因素？

2. 寫出東青油的合成反應式？

3. 簡述「藍瓶試驗」的原理？

## 實驗 14

# 勒沙特列原理

Chemistry Experiment
Environmental Protection

## 一、目的

（一）利用碘與碘酸根離子間的反應，說明可逆反應。

（二）利用 $Fe^{+3}$ 與 $FeSCN^{+2}$ 間的顏色變化，說明勒沙特列原理。

（三）並觀察溫度及壓力對反應的影響。

## 二、原理

反應物發生反應，形成生成物；生成物亦起反應，形成反應物。此種反應稱之為可逆反應(reverse reaction)。當正逆兩個反應速率達到相等時，此時稱為反應達到平衡。通常大部份的化學課程中，皆以氫離子濃度對鉻酸根離子與重鉻酸根離子間平衡的影響，$2CrO_4^{-2} + 2H^+ \rightarrow Cr_2O_7^{-2} + H_2O$，教導學生實驗，了解可逆反應。然而事實上在實驗中，顏色改變並不明顯，且加入的酸或鹼的濃度必須很高，方可看出較顯著的顏色變化，且環保署已將鉻金屬列為重汙染金屬。本實驗利用碘在鹼性溶液中的不穩定性，藉以說明平衡移動，若加入 $OH^-$ 於碘酒水溶液中，則因 $OH^-$ 的增加而使反應向右進行，以減輕加入的 $OH^-$（溶液顏色由茶褐變透明無色）。反之，若加 $H^+$ 於碘離子水溶液中，則因 $OH^-$ 被 $H^+$ 中和使得$[OH^-]$減少，平衡向左移動（溶液顏色由無色變茶褐色）如下列反應式。

$$3I_2 + 6OH^- \rightarrow 5I^- + IO_3^- + 3H_2O$$
$$5I^- + IO_3^- + 6H^+ \rightarrow 3H_2O + 3I_2$$

本實驗不只可明顯的說明勒沙特列原理（顏色變化顯著、藥品取用方便、廢液亦不易造成汙染），亦可說明氧化還原反應，且充份顯現實驗的本質，提高學生對實驗的興趣及避免使用舊教材中含鉻的有毒廢水，不小心排放至環境中。

在平衡系中，加入可能影響平衡之因素（如：濃度、溫度、壓力等），則平衡狀態起變化，此系統向減低此變化所生效應的方向進行，此稱勒沙特列原理(Le Chatlier's Principle)。

第一部分：利用 $Fe^{+3}_{(aq)} + SCN^-_{(aq)} \rightarrow FeSCN^{+2}_{(aq)}$ 反應

改變濃度探討化學平衡移動。

第二部分：使用 $NH_4^+_{(aq)} + OH^-_{(aq)} +$ 熱量 $\rightarrow NH_{3(aq)} + H_2O_{(l)}$ 反應

改變反應溫度探討化學平衡移動。

第三部分：於 $HCO_3^-_{(aq)} \rightarrow OH^-_{(aq)} + CO_{2(aq)}$ 反應

改變反應壓力探討化學平衡移動。

## 三、儀器與藥品

| | | |
|---|---|---|
| 1. 燒杯(100 mL) | 2. 試管 | 3. 攪拌棒 |
| 4. 1 M HCl | 5. 0.10 M HCl | 6. 2 M NaOH |
| 7. 酚酞指示劑 | 8. 碘酒 | 9. 碘離子溶液 |
| 10. 0.02 M KSCN | 11. 0.20 M $Fe(NO_3)_3$ | 12. KSCN 固體 |
| 13. $Na_2HPO_4$ 固體 | 14. 氨水 | 15. 飽和 $NaHCO_3$ 溶液 |

## 四、實驗步驟

### （甲）可逆反應

$$I_2 + I^- \rightarrow I_3^-$$
$$3I_2 + 6OH^- \rightarrow 5I^- + IO_3^- + 3H_2O$$
$$5I^- + IO_3^- + 6H^+ \rightarrow 3I_2 + 3H_2O$$

1. 取一 250 mL 燒杯，裝自來水[註]約半杯，滴入碘酒數滴至水溶液呈茶褐色。

2. 取一試管，內盛半滿的碘酒水溶液，觀察其顏色並記錄。

3. 加 2 滴 2 M NaOH，察看其顏色變化並記錄。

4. 再加 2 滴 2 M HCl，察看其顏色變化並記錄。

5. 取另一試管，內盛半分滿的（碘離子＋碘酸根離子）溶液，觀察其顏色並記錄。

6. 加 2 滴 2 M HCl，察看其顏色變化並記錄。

7. 再加 2 滴 2 M NaOH，察看其顏色變化並記錄。

8. 實驗結束，將試液倒入廢液桶中，集中處理。

**註** 配製碘溶液不宜使用蒸餾水或去離子水，效果不佳。

## （乙）勒沙特列原理

### (A) 濃度影響平衡

$$Fe^{+3}_{(aq)} + SCN^-_{(aq)} \rightarrow FeSCN^{+2}_{(aq)}$$

1. 取四支試管，分別加入 0.02 M 的 KSCN 6 mL，並加入 0.20 M Fe(NO₃)₃ 兩滴。

2. 觀察四支試管溶液顏色是否相同。

3. 第一試管當標準色。

   第二試管加入 1 小顆 KSCN 晶體。

   第三試管加入 2 滴 Fe(NO₃)₃。

   第四試管加入 1 小顆 Na₂HPO₄ 晶體。

   拿二～四試管與第一試管比較顏色，並記錄之。

### (B) 溫度影響平衡（請於抽氣櫃中進行，以免臭氣四溢）

$$NH_4^+{}_{(aq)} + OH^-_{(aq)} + 熱量 \rightarrow NH_{3(aq)} + H_2O_{(l)}$$

1. 取 500 mL 燒杯，加 200 mL 蒸餾水，加入 1 滴氨水及 5 滴酚酞指示劑，溶液呈粉紅色。

2. 取上述溶液 10 mL 加入試管中。

3. 將此試管放於熱水浴中(50°C)，觀察其顏色變化。

4. 將試管泡於室溫自來水水浴，觀察其顏色變化。

5. 將試管泡於冰水冰浴，觀察其顏色變化。

## (C) 壓力影響平衡

$$HCO_3{}^-{}_{(aq)} \rightarrow OH^-{}_{(aq)} + CO_{2(aq)}$$

1. 取 250 mL 側枝三角錐型瓶，加入 100 mL 飽和 $NaHCO_3$ 溶液。

2. 加入 2~3 滴酚酞指示劑，溶液呈粉紅色，逐滴加入 0.10 M HCl 至溶液呈無色。

3. 以塞子塞住三角錐形瓶口，側枝連接抽氣裝置抽氣。

4. 觀察氣體生成及其顏色變化。

# 實驗 14｜勒沙特列原理

結果報告　　日期＿＿＿＿＿＿

| 班級 | | 組別 | |
|---|---|---|---|
| 姓名 | | 學號 | |

## 五、實驗數據記錄

（一）可逆反應及勒沙特列原理

（甲）可逆反應

| 溶　液　種　類 | 試管中溶液顏色變化 |
|---|---|
| 碘溶液顏色 | |
| (1)加 NaOH 顏色變化 | |
| (2)加 HCl 顏色變化 | |
| 碘離子溶液顏色 | |
| (1)加 HCl 顏色變化 | |
| (2)加 NaOH 顏色變化 | |

（乙）勒沙特列原理

(A) 濃度

| 試　管 | 原色 | 加入試劑後顏色 |
|---|---|---|
| 1 | | ---------- |
| 2 | | |
| 3 | | |
| 4 | | |

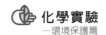
(B) 溫度

| 溶　液 | 原色 | 改變顏色 |
|---|---|---|
| 加熱 | | |
| 水浴 | | |
| 冰浴 | | |

(C) 壓力

| | 抽　氣　前 | 抽　氣　後 |
|---|---|---|
| 狀態 | | |
| 溶液顏色 | | |

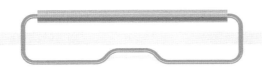

## 問題與討論

1. 試述何謂可逆反應？

2. 試述影響化學平衡的因素？

3. 試解釋「勒沙特列原理」實驗，各個實驗所產生之現象？

## 實驗 15

# 影響反應速率的因素－碘鐘反應

Chemistry Experiment
Environmental Protection

## 一、目的

（一） 測定碘酸根離子與亞硫酸氫根離子的化學反應速率。

（二） 探求濃度與溫度對反應速率的影響。

## 二、原理

　　一反應在單位時間內單位體積，反應物消失的量或生成物產生的量，稱為反應速率(rate of reaction)，求一化學反應速率，可由生成物的生成速率或反應物的消耗速率來測定。影響反應速率的因素：(1)反應物本身的性質；(2)反應物的濃度；(3)反應系溫度；(4)反應物的壓力；(5)反應物粒子大小；(6)催化劑的存在與否；(7)光能等。一般而言，在常溫下，某化學反應若只涉及電子轉移，無需破壞或形成鍵結，其活化能較低，反應速率較快。反之，涉及化學鍵需的破壞及形成之反應，通常活化能較高，反應速率較慢。至於催化劑為何能影響反應速率？因為催化劑可提供較低活化能的反應途徑，而非原先之高能量途徑，因此可以增快反應速率。

　　本實驗設計為：研究碘酸根離子($IO_3^-$)與亞硫酸氫根離子($HSO_3^-$)的反應其反應方程式如下：

$$IO_3^- + 3HSO_3^- \rightarrow I^- + 3SO_4^{-2} + 3H^+$$

此反應的反應速率相當緩慢，如反應物 $HSO_3^-$ 作用耗盡，$IO_3^-$ 立刻於瞬間內與生成物 $I^-$ 作用，產生碘分子 $I_2$，其反應式如下：

$$IO_3^- + 5I^- + 6H^+ \rightarrow 3I_2 + 3H_2O$$

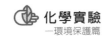

　　實驗前如在反應溶液中加入少許澱粉，則依上式反應所產生的碘分子立刻與澱粉生成藍色物質，此時即表示亞硫酸氫根離子已全部作用完了，所以用一定量的碘酸鉀($KIO_3$)與一定量的亞硫酸氫鈉($NaHSO_3$)溶液混合，內放少許澱粉，從開始混合到溶液中藍色出現之時間，可做為 $NaHSO_3$ 反應完成所需的時間，由此可測出上述反應的反應速率，經過某一定時間後，突然起了變色或生成沉澱等顯著的變化，通常稱這種反應為碘鐘反應(clock reaction)。

　　本實驗 A 部分控制了反應物的本性、催化劑及溫度，探討反應速率的濃度校應，在 B 部分則控制了反應物的本性、催化劑及濃度，觀察溫度對反應速率的影響。

## 三、儀器與藥品

| 1. 燒杯(100 mL、500 mL) | 2. 試管 | 3. 量筒(10 mL) |
|---|---|---|
| 4. 溫度計 | 5. 秒表 | 6. 溶液 A (0.02 M $KIO_3$)[註 1] |
| 7. 溶液 B (0.004 M $NaHSO_3$)[註 2] | 8. 塑膠吸管 | 9. 方格紙 |

註 1. 溶液 A 配製($[KIO_3]$=0.02 M)：取 4.30 克 $KIO_3$ 加水稀釋定量至 1 升的水溶液。

　　2. 溶液 B 配製($[NaHSO_3]$=0.004 M)：取 0.65 克 $NaHSO_3$ 加少量溶解，再加入 20 mL 1 M 的 $H_2SO_4$。50 mL 冷水加 2.5 克澱粉，加入 50 mL 的沸水攪拌，加熱至沸騰，冷卻後，加入已配成的 $NaHSO_3$ 溶液中，加水稀釋定量至 500 毫升。

## 四、實驗步驟

### （一）濃度對反應速率的影響（常溫反應）

1. 用一清淨的量筒，量取 1.0 mL 的溶液 A，倒入一試管中。

2. 洗淨上面的量筒後，量取 8.0 mL 的試劑水，倒入同一試管中，混合均勻。

3. 另量取 1.0 mL 的 B 溶液，放入另一支乾淨試管中。

4. 將兩試管，放於一盛常溫水的 500 mL 燒杯中，靜置約 5 分鐘，使其達到熱平衡（記錄溫度）。

5. 將兩試管迅速倒入 125mL 的錐型瓶中，搖晃混合，用秒錶記錄倒入時的一剎那，並震搖此混合溶液，注視試管內溶液，當藍色出現的一剎那，記錄其時間。

6. 分別取溶液 A，2.0、3.0、4.0、5.0，依序加入 7.0、6.0、5.0、4.0 mL 試劑水。

7. 各試管加入 1.0 mL 的溶液 B，在室溫中，依 4.至 5.的步驟實驗，記錄藍色出現所需要的時間。

8. 以方格紙繪製反應速率曲線圖（時間－濃度）。

## （二）濃度對反應速率的影響（冰水浴反應）

1. 將約 100 mL 自來水，及約 300 克碎冰，放入 500 mL 燒杯中，混合均勻，調整溫度為 0℃，作為冰水浴。重複上述實驗步驟之 1.到 8.之操作，溫度分別保持在 0°C 記錄藍色出現所需要的時間。

2. 以方格紙繪製反應速率曲線圖（時間－濃度）。

## （三）濃度對反應速率的影響（涼水浴反應）

1. 將約 150 mL 自來水，及約 250 克碎冰，放入 500 mL 燒杯中，混合均勻，調整溫度為 10℃~15℃，作為涼水浴。重複上述實驗步驟之 1.到 8.之操作，溫度分別保持在 0°C 記錄藍色出現所需要的時間。

2. 以方格紙繪製反應速率曲線圖（時間－濃度）。

## （四）溫度對反應速率的影響

利用上述三個實驗，繪製反應速率曲線圖（溫度－時間）：

# 實驗 15 │ 影響反應速率的因素－碘鐘反應

結果報告　　　日期＿＿＿＿＿＿＿＿

| 班級 | | 組別 | |
|------|---|------|---|
| 姓名 | | 學號 | |

## 五、實驗數據記錄

（一）濃度對反應速率的影響（常溫反應）

原溶液濃度：溶液 A；$[IO_3^-]$ = ＿＿＿＿＿＿＿M

溶液 B；$[HSO_3^-]$ = ＿＿＿＿＿M

(1)實驗記錄

| 實　驗　次　數 | 溶 液 A 體積(mL) | | 溶液A 的濃度 (M) | 溶 液 B 體積(mL) | 溶液 B 的濃度 (M) | A、B 兩液 混合反應 | |
|---|---|---|---|---|---|---|---|
| | 原液 | 純水 | | | | 溫度(℃) | 時間（秒） |
| 1 | 1.0 | 8.0 | | 1.0 | | | |
| 2 | 2.0 | 7.0 | | 1.0 | | | |
| 3 | 3.0 | 6.0 | | 1.0 | | | |
| 4 | 4.0 | 5.0 | | 1.0 | | | |
| 5 | 5.0 | 4.0 | | 1.0 | | | |

(2)濃度－時間曲線圖

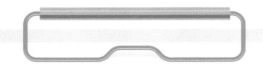

（二）濃度對反應速率的影響（冰水浴反應）

原溶液濃度：溶液 A；$[IO_3^-] = $ _____M

溶液 B；$[HSO_3^-] = $ _____M

(1)實驗記錄

| 實　　驗　數 次 | 溶 液 A 體積(mL) | | 溶液 A 的濃度 (M) | 溶 液 B 體積(mL) | 溶液 B 的濃度 (M) | A、B 兩液 混合反應 | |
|---|---|---|---|---|---|---|---|
| | 原液 | 純水 | | | | 溫度(℃) | 時間（秒） |
| 1 | 1.0 | 8.0 | | 1.0 | | | |
| 2 | 2.0 | 7.0 | | 1.0 | | | |
| 3 | 3.0 | 6.0 | | 1.0 | | | |
| 4 | 4.0 | 5.0 | | 1.0 | | | |
| 5 | 5.0 | 4.0 | | 1.0 | | | |

(2)濃度－時間曲線圖

（三）濃度對反應速率的影響（涼水浴反應）

原溶液濃度：溶液 A；$[IO_3^-]$ = _____M

溶液 B；$[HSO_3^-]$ = _____M

(1)實驗記錄

| 實　　驗 次　　數 | 溶　液　A 體積(mL) | | 溶液 A 的濃度 (M) | 溶　液　B 體積(mL) | 溶液 B 的濃度 (M) | A、B 兩液 混合反應 | |
|---|---|---|---|---|---|---|---|
| | 原液 | 純水 | | | | 溫度(℃) | 時間（秒） |
| 1 | 1.0 | 8.0 | | 1.0 | | | |
| 2 | 2.0 | 7.0 | | 1.0 | | | |
| 3 | 3.0 | 6.0 | | 1.0 | | | |
| 4 | 4.0 | 5.0 | | 1.0 | | | |
| 5 | 5.0 | 4.0 | | 1.0 | | | |

(2)濃度－時間曲線圖

（四）溫度對反應速率的影響

　　溫度－時間曲線圖

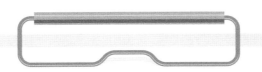

**問題與討論**

1. 濃度改變對反應時間有何影響？

2. 溫度改變對反應時間有何影響？

3. 試寫出「碘鐘反應」之化學反應方程式？

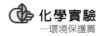

實驗 16

# 化學平衡

Chemistry Experiment
Environmental Protection

## 一、目的

（一）用比色法測定硫氰酸鐵錯離子($FeSCN^{+2}$)的濃度。

（二）由測得的 $FeSCN^{+2}$ 的濃度，再計算 $Fe^{+3}$ 與 $SCN^-$ 的濃度，
則可求得：$Fe^{+3} + SCN^- \rightarrow FeSCN^{+2}$ 反應的平衡常數。

## 二、原理

　　反應物發生反應，形成生成物；生成物亦起反應，形成反應物。此種反應稱之為可逆反應(reverse reaction)當正逆兩個反應速率達到相等時，此時稱為反應達到平衡。

　　設化學反應為：$aA + bB \rightleftharpoons cC + dD$

　　依質量作用定律(law of mass action)，平衡時，平衡常數 K 的定義為：

　　　　定溫下： $K = \dfrac{[C]^c[D]^d}{[A]^a[B]^b}$

　　其中[A]、[B]、[C]、[D]分別表示各成分在平衡時的莫耳濃度。測出平衡時各成分的濃度，則可算出平衡常數 K；K 值越大時，表示反應越完全，生成物量越多，或反應物濃度低，而生成物濃度高；反之，K 值越小時，表示反應越不完全，且不容易產生正反應。平衡時，反應物濃度高，而生成物濃度低。

　　本實驗測定鐵離子($Fe^{+3}$)與硫氰酸根離子($SCN^-$)反應之平衡常數，其方程式如下：

　　　　$Fe^{+3} + SCN^- \rightleftharpoons FeSCN^{+2}$
　　　　　　　　　　　　深紅色

當平衡時：$K = \dfrac{[FeSCN^{+2}]}{[Fe^{+3}][SCN^-]}$

　　欲求 K 值，必須先將此平衡物系內所含三種離子，$Fe^{+3}$、$SCN^-$ 及 $FeSCN^{+2}$ 的莫耳濃度一一測出，因 $FeSCN^{+2}$ 具有顏色，故可用比色法求得濃度。而代入上式即可求得平衡常數。

　　用比色法求濃度的方法如下：取兩支同直徑的試管裝入同種及同量的溶液，從試管口上端注視下去，顏色越深者濃度越濃。如取兩試管加入濃度不同的同種類溶液，由此兩試管口上端觀察得顏色相同時，則此二管的溶液高度必不同高。因為濃度與管內溶液的高度成反比。

　　設 $C_1$ 為已知濃度的溶液，$C_2$ 為未知濃度的溶液：

　　設 $h_1$ 為濃度 $C_1$ 之高度，$h_2$ 為濃度 $C_2$ 之高度

　　則 $C_1 h_1 = C_2 h_2$ 或 $\dfrac{C_1}{C_2} = \dfrac{h_2}{h_1}$

　　本實驗用比色法測定 $FeSCN^{+2}$ 離子濃度時，須用一已知濃度的 $FeSCN^{+2}$ 離子溶液，作為標準溶液。其配製法是以少量已知濃度的 $SCN^-$ 溶液，加入過量之 $Fe^{+3}$ 離子溶液，則所有的 $SCN^-$ 離子幾乎完全變成 $FeSCN^{+2}$ 離子；即 $FeSCN^{+2}$ 離子濃度等於反應前的 $SCN^-$ 離子濃度。又此實驗 $FeSCN^{+2}$ 為深紅色的有色離子，故可用比色法先求 $FeSCN^{+2}$ 離子濃度，再計算 $Fe^{+3}$、$SCN^-$ 離子在平衡時的濃度。

## 三、儀器與藥品

| 1. 燒杯(100 mL) | 2. 試管 | 3. 量筒(10、25 mL) |
|---|---|---|
| 4. 量尺(10 cm) | 5. 塑膠滴管 | 6. 比色燈 |
| 7. 0.002 M KSCN | 8. 0.20 M Fe(NO₃)₃ | 9. 不透明白紙 |

## 四、實驗步驟

1. 取六支相同大小的小試管，先洗淨，再以蒸餾水沖洗一次，然後烘乾。

2. 於每一支試管中加入 5 mL 0.0020 M KSCN。

3. 第一支試管中再加入 5 mL 0.20 M Fe(NO$_3$)$_3$，以此試管作為標準溶液。

4. 取一量筒，加入 10 mL 0.20 M Fe(NO$_3$)$_3$，再加入 15mL 蒸餾水，充分攪動，使之混合均勻，此時 Fe$^{+3}$ 離子濃度為 0.080 M，取此溶液 5 mL 注入第二支試管內。

5. 然後將上述所得的溶液，倒出 10 mL，留 10 mL，再加入 15 mL 蒸餾水，使成 25 mL 的溶液，此時溶液的 Fe$^{+3}$ 離子濃度為 0.032 M，取 5 mL 溶液注入第三支試管中。

6. 依上述方法，倒出 10 mL，量筒中剩 10 mL，再加入 15 mL 蒸餾水，配成 25 mL 溶液，此溶液 Fe$^{+3}$ 離子的濃度為 0.0128 M，取此溶液 5 mL 加入第四支試管。

7. 再依上法配成 0.00512 M 之 Fe$^{+3}$ 離子濃度於第五支試管內，及 0.00205 M 於第六支試管中。

8. 以第一支試管作為標準溶液，用比色法，測定第二支試管中 FeSCN$^{+2}$ 的濃度。比色時，將兩支試管並排拿著，並用白紙條包住試管，在桌上置一張白紙，由試管口上方，往下注視之（如圖 16-1 所示）。如顏色強度相等，即記下溶液在試管中之高度，否則將第一支試管的標準溶液，用吸管吸出一些放在燒杯內，如吸出太多，需要放回試管中，直到兩支試管所顯出的顏色色度相等，以尺量此兩試管溶液的高度。

9. 同樣對其餘試管的溶液，重複上述操作，依 8 法取試管 1 與 3；1 與 4；1 與 5；1 與 6 比對，並用尺量溶液的高度。

10. 計算平衡常數。

11. 實驗結束，將廢液倒入廢液桶中，集中整理。

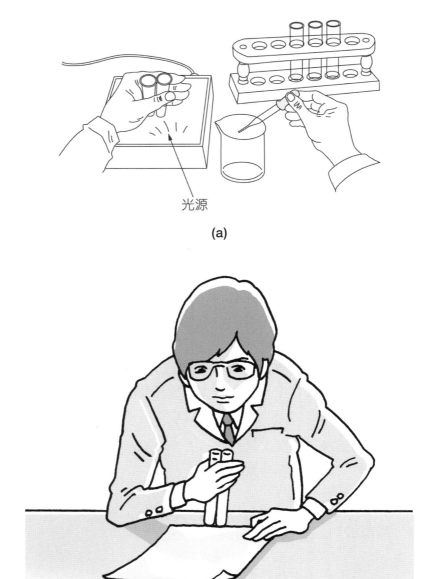

光源

(a)

(b)

♨ 圖 16-1　比色法

# 實驗 16｜化學平衡

結果報告　　日期＿＿＿＿＿＿＿

| 班級 | | 組別 | |
|------|--|------|--|
| 姓名 | | 學號 | |

## 五、實驗數據記錄

| 試管 | 比值 | 最初的濃度 | | 平衡時的濃度 | | | 平衡常數 K |
|------|------|------------|------------|--------------|--------|--------|------------|
| | | $[Fe^{+3}]$ | $[SCN^-]$ | $[FeSCN^{+2}]$ | $[Fe^{+3}]$ | $[SCN^-]$ | |
| 1 | X | | | | | | |
| 2 | | | | | | | |
| 3 | | | | | | | |
| 4 | | | | | | | |
| 5 | | | | | | | |
| 6 | | | | | | | |

**註** 平衡 $[FeSCN^{+2}] = \dfrac{標準溶液高度}{溶液高度} \times [SCN^-]$的初濃度

平衡時之$[Fe^{+3}] = $ 最初 $[Fe^{+3}] - $ 平衡時 $[FeSCN^{+2}]$

平衡時之$[SCN^-] = $ 最初 $[SCN^-] - $ 平衡時 $[FeSCN^{+2}]$

$\dfrac{標準溶液高度}{溶液高度} = $ 比值

平衡常數計算：

## 問題與討論

1. 平衡常數 K 值，是否與反應濃度有關？

2. 在試管 1，為何要使 $SCN^-$ 離子完全變成 $FeSCN^{+2}$ 離子？

3. 何種因素改變，會使得平衡常數 K 亦隨之改變？

## 實驗 17

Chemistry Experiment
Environmental Protection

# 氫氧化鈣的溶解度積

## 一、目的

（一） 熟悉微溶性物質的特性。

（二） 了解溶解度積常數($K_{sp}$)的定義。

（三） 學習溶解度積之計算。

## 二、原理

　　一般而言，物質溶於溶劑中可達 0.10M 時，稱為可溶；0.10~$10^{-4}$M 者稱為微溶；至於 $10^{-4}$M 以下者，稱為不溶。微溶性的固體置於水中，形成一飽和溶液。在此飽和溶液中，未溶解之過量固體與溶於水中之離子建立平衡，如下列反應式：

$$A_mB_{n(s)} \rightarrow mA^{+n}_{(aq)} + nB^{-m}_{(aq)}$$

$$\frac{[A^{+n}]^m[B^{-m}]^n}{[A_nB_m]} = K$$

　　因 $A_mB_n$ 為固體，故 $[A_mB_n]$ 為一定值，所以 $[A^{+n}]^m[B^{-m}]^n = K[A_mB_n] = K_{sp}$，$K_{sp}$ 稱為溶解度積常數。從定性方面而言，若物質有較小的 $K_{sp}$ 值，則該物質較難溶解。因此我們可由溶解度積的定量來估計物質的溶解度。

　　本實驗在定溫下測定氫氧化鈣的溶解度積。

$$Ca(OH)_{2(s)} \rightarrow Ca^{+2}_{(aq)} + 2OH^-_{(aq)}$$

$$K_{sp} = [Ca^{+2}][OH^-]^2$$

欲求其 $K_{sp}$ 值，必須測出其飽和溶液內，$Ca^{+2}$ 與 $OH^-$ 在平衡時之濃度。利用重量法測出 $Ca^{+2}$ 的濃度，而 $OH^-$ 可於飽和溶液中取出一定體積，用標準酸溶液滴定求得之。

溶解度積可依據下列三種算式求出，（一）已知鈣離子及氫氧離子濃度，則 $K_{sp} = [Ca^{+2}][OH^-]^2$，（二）若只知鈣離子濃度，則 $K_{sp} = [Ca^{+2}][OH^-]^2 = 4 [Ca^{+2}]^3$，（三）若只知氫氧離子濃度，則 $K_{sp} = [Ca^{+2}][OH^-]^2 = 0.5 [OH^-]^3$。

## 三、儀器與藥品

| 1. 濾紙(7cm) | 2. 燒杯 | 3. 試管 |
|---|---|---|
| 4. 漏斗 | 5. 滴定管(50 mL) | 6. 攪拌棒 |
| 7. 錐形瓶(125 mL) | 8. $Ca(OH)_2$ 固體 | 9. 0.10 M HCl |
| 10. 酚酞指示劑 | 11. 量筒(50 mL) | 12. 塑膠吸管 |

## 四、實驗步驟

1. 取濾紙稱其重量，再用此濾紙稱取氫氧化鈣約 2 克，置入 250 mL 燒杯中，保留此濾紙。

2. 取蒸餾水 100 mL，倒入燒杯中，攪拌使氫氧化鈣溶解達飽和（約 15 分鐘）。

3. 記錄溫度，用稱過質量之濾紙過濾，濾液保存於 250mL 錐形瓶中。

4. 用冰水 5 mL 洗滌漏斗上之氫氧化鈣（以滴管操作，至少分 5 次洗滌），將氫氧化鈣連濾紙置於烘箱烘乾，乾後稱重。

5. 將上述實驗之濾液利用吸量管取 30 mL，倒入 250 mL 錐形瓶中，加入酚酞指示劑 2 滴，再以 0.10 M HCl 標準溶液，滴定至終點（粉紅色變為無色）。（重複操作兩次，取平均值）。

6. 將 $Ca^{+2}$ 及 $OH^-$ 求得之濃度代入式中，計算出 $K_{sp}$ 值。

7. 以 pH meter 或廣用試紙測定濾液的 pH 值，計算其 $K_{sp}$ 值與滴定法比較。

# 實驗 17 ｜氫氧化鈣的溶解度積　　結果報告　　日期_____

| 班級 | | 組別 | |
|------|------|------|------|
| 姓名 | | 學號 | |

## 五、實驗數據記錄

| | | | |
|---|---|---|---|
| 濾紙重 | $W_0$ | | g |
| 氫氧化鈣+濾紙重 | $W_1$ | | g |
| 氫氧化鈣重 | $W_1-W_0$ | | g |
| 烘乾後氫氧化鈣+濾紙重 | $W_2$ | | g |
| 氫氧化鈣的溶解度$[(W_1-W_2)/74]\div 0.10$ | | | M |
| $[Ca^{+2}] = [Ca(OH)_2]$ | | | M |
| HCl 濃度 | $N_1$ | | N |
| 滴定耗去 HCl 體積 | $V_1$ | | mL |
| $OH^-$ 溶液體積 | $V_2$ | | mL |
| $[OH^-]$濃度 $N_2$　　$(N_1V_1=N_2V_2)$ | | $N =$ | M |
| $K_{sp} = [OH^-]^2[Ca^{+2}]$ | | | |

計算式：

（一）$K_{sp} = [Ca^{+2}][OH^-]^2 =$_____

（二）$Ca(OH)_{2(s)} \rightarrow Ca^{+2}_{(aq)} + 2OH^-_{(aq)}$

　　　$-s$　　　　　$s$　　　　　$2s$

　　　$[Ca^{+2}]=$_____$M = s$

　　　$K_{sp} = [Ca^{+2}][OH^-]^2 = (s)(2s)^2 = 4s^3 =$_____

（三）$Ca(OH)_{2(s)} \rightarrow Ca^{+2}_{(aq)} + 2OH^-_{(aq)}$

　　　$-x/2$　　　　$x/2$　　　　$x$

　　　$[OH^-]=$_____$M = x$

　　　$K_{sp} = [Ca^{+2}][OH^-]^2 = (x/2)(x)^2 = x^3/2 =$_____

　　　三種計算結果，何者較接近理論值_____。

問題與討論

1. 試寫出下列各微溶性物質水解方程式及 $K_{sp}$ 表示式。
   (a)$Fe(OH)_3$　(b)$CaC_2O_4$　(c)$PbCl_2$　(d)$AgCl$　(e)$Ag_2CrO_4$

2. 試以溶解度(S)，表示問題 1 之 $K_{sp}$。

3. 已知 $PbCl_{2(s)}$ 在純水中的溶解度為 $1.5 \times 10^{-2}\,M$，求 $PbCl_2$ 之 $K_{sp} = ?$

實驗 18

Chemistry Experiment
Environmental Protection

# 酸鹼概念與 pH 值

## 一、目的

（一）　練習酸鹼溶液的稀釋方法。

（二）　了解酸鹼的定義及 pH 值意義。

（三）　學習使用酸鹼指示劑。

（四）　了解各種酸、鹼及鹽類的酸鹼性。

## 二、原理

水的解離可以用下式簡單表示：

$$2H_2O \rightleftharpoons H_3O^+ + OH^-$$

水的游離在定溫下達平衡時，其平衡常數為

$$K = \frac{[H_3O^+][OH^-]}{[H_2O]}$$

水的游離平衡常數，簡稱游離常數，由實驗測出在 25°C 時為 $1.8 \times 10^{-16}$。而純水中水的濃度為一定值 $[H_2O] = 1000/18 = 55.56$ M，則上式可簡化為 $K[H_2O] = [H_3O^+][OH^-] = 1.0 \times 10^{-14} = K_w$，則 $[H_3O^+][OH^-]$ 稱為水的離子積(ion product of water) 常用 $K_w$ 表示，因此 $K_w = [H_3O^+][OH^-] = 1.0 \times 10^{-14}$ (25°C)，純水為中性，$[H_3O^+]$ 與 $[OH^-]$ 相等，即 $[H_3O^+] = [OH^-] = 1.0 \times 10^{-7}$ 莫耳／升。室溫下，$K_w = [H_3O^+][OH^-] = 1.0 \times 10^{-14}$，表示 $[H_3O^+]$ 與 $[OH^-]$ 的乘積是固定的常數。因此，若 $[H^+] = 10^{-3}$ 莫耳／升，則該溶液中 $[OH^-] = 10^{-11}$ 莫耳／升，此 $[OH^-]$ 值是由 $[H_3O^+][OH^-] = 1.0 \times 10^{-14}$ 算出來的。

1909 年丹麥化學家 Sorenson 用氫離子濃度指數(hydrogen ion index)來表示 $[H_3O^+]$，簡稱 pH 值[註]，其中「p」表氫離子濃度之指數(power of hydrogen)：

$$pH = -\log[H_3O^+] \qquad pOH = -\log[OH^-]$$
$$25°C 下 pH + pOH = 14$$

例如：$[H_3O^+] = 10^{-2}$ 莫耳／升，則該溶液 pH = 2。純水中，$[H_3O^+] = [OH^-] = 10^{-7}$ 莫耳／升，故 pH = 7。由定義可知，當 $[H_3O^+]$ 增加，則 pH 值減少。因此，酸性溶液的 pH 值低於 7；鹼性溶液的 pH 值高於 7。pH 越低，溶液酸性越強；pH 值越高，溶液鹼性越強。

一般指示劑都是有機性染料，利用其在不同酸度範圍所顯示的顏色變化來估計 pH 值。因此指示劑應具備三種特性：(1)本身是一種弱酸或弱鹼，其解離度深受 pH 值影響；(2)本身顏色與解離後的離子團顏色必須不相同，且其間顏色差異越大越佳；(3)指示劑顏色變化範圍之 pH 值差通常在 2 以內，不可太大也不可太小。

$$\underset{\substack{\text{未解離的指示劑分子}\\\text{（酸型顏色）}}}{HIn} \longrightarrow H^+ + \underset{\substack{\text{指示劑離子}\\\text{（鹼型顏色）}}}{In^-}$$

不同的指示劑具有不同的酸型及鹼型顏色。因此，不同的指示劑在不同的 pH 範圍顯示其顏色變化。下表為一些常用指示劑及其變色範圍（表 18-1）。在實際應用上指示劑作成兩種型式，一為粉末可配成指示液；一為乾燥的指示劑試紙，使用很方便。本實驗應用已知濃度之標準酸及鹼溶液，逐步用水稀釋之，以配製 pH = 2~12 諸溶液。再分別加入常用指示劑（表 18-2），觀察試劑在不同 pH 值的溶液下，所呈現特殊之顏色反應。根據所得資料，檢定酸、鹼、鹽類及日用品如果汁、洗髮精等溶液的 pH 值。

### 表 18-1　常用酸－鹼指示劑及其變色範圍

| 指　　　示　　　劑 | 顏色變化（酸→鹼） | pH 範圍 |
|---|---|---|
| 瑞香草酚藍(Thymol blue)TB | 紅→黃 | 1.0~3.0 |
| 甲基橙(Methyl orange)MO | 紅→黃 | 3.1~4.4 |
| 甲基紅(Methyl red)MR | 紅→黃 | 4.2~6.2 |
| 甲基黃(Methyl yellow)MY | 紅→黃 | 2.9~4.0 |
| 溴甲酚綠(Bromocresol green) BG | 黃→藍 | 3.8~5.4 |
| 溴瑞香草酚藍(Bromothymol blue)BTB | 黃→藍 | 6.0~7.6 |
| 溴甲酚紫(Bromocresol purple)BP | 黃→紫 | 5.2~6.8 |
| 酚酞(Phenolphthalein)PP | 無→紅 | 8.2~10.0 |
| 酚紅(Phenol red)PR | 黃→紅 | 6.8~8.2 |
| 茜素黃 R(Alizarin yellow R)AYR | 黃→紅 | 10.2~12.0 |

### 表 18-2　廣用指示劑

| pH 值 | 顏色 | |
|---|---|---|
| | No1.波式廣用指示劑 | No2.克式廣用指示劑 |
| 1.0 | 櫻桃鮮紅 | 紅 |
| 2.0 | 玫瑰紅 | 玫瑰紅 |
| 3.0 | 紅橙 | 紅橙 |
| 4.0 | 橙紅 | 深紅 |
| 5.0 | 橙 | 橙紅 |
| 6.0 | 黃 | 黃橙 |
| 7.0 | 淺黃－綠 | 檸檬黃 |
| 8.0 | 綠 | 綠 |
| 9.0 | 淺藍－綠 | 淺綠－藍 |
| 10.0 | 藍 | 紫 |
| 11.0 | -- | 淺紅－紫 |

　　No1 波式(borgen)廣用指示劑：取 60 mgMY、40mg MR、80mg BTB、100mg BT 及 20mg PP 溶於 100mL 酒精，然後加入 0.10 N NaOH 溶液至呈黃色。

　　No2 克式(kolthoff)廣用指示劑：取 18.5 mgMR、60mg BTB 及 64mg PP 溶於 100mL 50%酒精，然後加入 0.10 N NaOH 溶液至呈綠色。

註 pH 值，其中「p」表氫離子濃度之指數，取英文「power」字首，通常 p 要小寫，而 H 大寫，此處「power」表示次方，亦即氫離子濃度的次方數。pH= $-\log[H_3O^+]$　若 $[H_3O^+] = a\times10^{-b}$ M，pH = $b-\log a$，$[H_3O^+] = 2\times10^{-3}$ M，pH = $3-\log2 = 3-0.301 =2.699$。若由 pH 值求氫離子濃度則 $[H_3O^+] = 10^{-pH}$ M。pH=2.4，pH = $3-0.6 =3-2\log2 = 3-\log4$，則 $[H_3O^+] =4\times10^{-3}$ M（簡易計算參考基本概念二第三節）。

## 三、儀器與藥品

| 1. 刻度吸量管(5 mL) | 2. 量筒(10 mL、50 mL) | 3. 試管(12×150 mm) 12 支 |
|---|---|---|
| 4. 燒杯(50 mL) | 5. 滴管 | 6. 玻棒 |
| 7. 0.01M HCl | 8. 0.01 M NaOH | 9. 酚酞指示劑 |
| 10. 甲基橙指示劑 | 11. 茜素黃 R 指示劑 | 12. 溴瑞香草酚藍指示劑 |
| 13. 廣用試紙 | 14. 石蕊試紙（紅、藍） | 15. 0.10 M NH₄OH |
| 16. 0.10 M HOAc | 17.5% NaHCO₃ | 18. NH₄Cl |

## 四、實驗步驟

　　準備蒸餾水：在 1,000 mL 大燒杯中盛約 500 mL 至 600 mL 左右的蒸餾水，加熱至沸並沸騰數分鐘，趕走水中溶解的 $CO_2$（由於 $CO_2$ 溶於蒸餾水中，將使蒸餾水帶微酸性，加熱可排除之）。

### （一）標準溶液之 pH 值

1. 製備 pH 2 至 6 的酸性溶液
   (1) 取 10 支試管，分為兩組，各標示 pH=2，pH=3，pH=4，pH=5，pH=6。
   (2) 取已配妥的標準 0.01 M HCl 溶液各倒入 pH=2 每支試管 5 mL，此 0.01 M HCl 之 pH = 2。
   (3) 以量筒取 5 mL 的 pH =2 溶液，並加至 45 mL 煮沸過的蒸餾水中成為 50 mL 溶液，小心攪拌，即得 pH= 3 溶液。因為稀釋倍數是 10，所以 pH 值與 pH =2 相差 1 個單位，　即 pH = 3。
   (4) 將 pH=3 溶液放入 pH = 3 每支試管中約 5 mL。

(5) 在剩餘的 pH =3 溶液中取 5 mL 加入 45 mL 煮沸過的蒸餾水中就得到 pH =4 溶液，依此方式可配製 pH =5 與 pH =6 溶液。並分別倒入 pH=4，pH=5，pH=6 的試管中。

2. 利用指示劑判定溶液 pH= 2 至 6 的顏色變化：

（甲）利用甲基橙指示劑判定溶液在 pH= 2 至 6 的顏色變化

(1) 將 pH =2 至 6 的五支試管依序排列在試管架上。

(2) 每一支試管中各滴入 2 滴甲基橙指示劑。

(3) 記錄各試管中的顏色（紅、橙紅、黃、淡黃）。

（乙）利用溴瑞香草酚藍指示劑判定溶液在 pH= 2 至 6 的顏色變化

(1) 將 pH =2 至 6 的五支試管依序排列在試管架上。

(2) 每一支試管中各滴入 2 滴溴瑞香草酚藍指示劑。

(3) 記錄各試管中的顏色。

3. 製備 pH= 8 至 12 的鹼性溶液

(1) 取 10 支試管，分為兩組，各標示 pH=8，pH=9，pH=10，pH=11，pH=12。

(2) 取已配妥的標準 0.01 M NaOH 溶液各倒入 pH=12 每支試管 5 mL，此 0.01 M NaOH 之 pH =12。

(3) 將 5 mL 的 pH=12 溶液，用 45 mL 煮沸過的蒸餾水稀釋可得 pH =11 的溶液。

(4) 將 pH=11 的溶液分別倒入 pH=11 的試管中，各 5mL。

(5) 依此方式可配製 pH=10、pH=9 與 pH=8 的溶液。並分別倒入 pH=10，pH=9，pH=8 的試管中。

4. 利用酚酞指示劑判定溶液在 pH=8 至 12 的顏色變化

(1) 將 pH = 8 至 12 的五支試管依序排列在試管架上。

(2) 每一支試管中各滴入 2 滴酚酞指示劑。

(3) 記錄各試管中的顏色。

5. 利用茜素黃 R 指示劑判定溶液在 pH=8 至 12 的顏色變化

(1) 將 pH =8 至 12 的五支試管依序排列在試管架上。

(2) 每一支試管中各滴入 2 滴茜素黃 R 指示劑。

(3) 記錄各試管中的顏色。

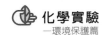
## （二）測定日常生活用品的 pH 值（與標準溶液比較）

利用指示劑檢定下列各項日用品試樣溶液的 pH 值：

1. 小蘇打溶液（baking soda, $NaHCO_3$，5%溶液）。

2. 家庭醫藥箱中的氨水(household ammonia, $NH_3$)。

3. 洗衣粉一小匙溶在 200 mL 水中。

4. 非肥皂一小塊溶在 100 mL 水中。

5. 家用食醋。

6. 較淺色（無色）的洗髮精(shampoo)稀釋 10 倍。

7. 較淺色（無色）的液體清潔劑(liquid laundry detergen)稀釋 20 倍。

8. 檸檬汁稀釋 10 倍。

9. 較淺色（無色）的汽水(carbonated beverage)以蒸餾水稀釋為一半的濃度。

10. 紅茶(red tea)，取市售錫箔包裝的紅茶。

以上每個試樣約取 10 mL，等分為兩試管，以石蕊試紙測定其酸鹼性，若為酸性，分別加入甲基橙及溴瑞香草酚藍指示劑 2 滴（鹼性，分別加入酚酞及茜素黃 R 指示劑 2 滴檢定顏色變化），與標準試管比較，並判定 pH 值，記下每個試樣的測定結果。

## （三）鹽類水解

1. 取少許 $NaCl$、$Na_2CO_3$、$Na_2SO_4$、$NH_4Cl$、$Na_3PO_4$、$(NH_4)_2CO_3$ 等鹽類固體，分別放入六支試管。

2. 各試管加入 5 mL 蒸餾水搖盪使其完全溶解。

3. 以藍色及紅色石蕊試紙測其酸鹼性，若為酸性，分別加入甲基橙及溴瑞香草酚藍指示劑 2 滴（鹼性，分別加入酚酞及茜素黃 R 指示劑 2 滴檢定顏色變化），與標準試管比較，並判定 pH 值，記下每個試樣的測定結果。

# 實驗 18 │ 酸鹼概念與 pH 值

結果報告    日期＿＿＿＿＿＿＿＿

| 班級 | | 組別 | |
|---|---|---|---|
| 姓名 | | 學號 | |

## 五、實驗數據記錄

### （一）標準溶液之 pH 值

| | pH=2 | pH=3 | pH=4 | pH=5 | pH=6 | pH=8 | pH=9 | pH=10 | pH=11 | pH=12 |
|---|---|---|---|---|---|---|---|---|---|---|
| $[H_3O^+]$ | 0.01 M | | | | | | | | | |
| 指示劑 | | | | | | | | | | |
| 顏色 | | | | | | | | | | |

### （二）日常生活用品之 pH 值測定

| | 紅茶 | 汽水 | 白醋 | 小蘇打 | 氨水 | 洗髮液 | 清潔劑 | 果汁 | 非肥皂 |
|---|---|---|---|---|---|---|---|---|---|
| 指示劑 | | | | | | | | | |
| 顏色 | | | | | | | | | |
| pH 值 | | | | | | | | | |
| 真 pH 值 | | | | | | | | | |

### （三）鹽類水解

| | NaCl | $Na_2CO_3$ | $Na_2SO_4$ | $NH_4Cl$ | $Na_3PO_4$ | $(NH_4)_2CO_3$ |
|---|---|---|---|---|---|---|
| 石蕊試紙 | | | | | | |
| 指示劑 | | | | | | |
| 顏色 | | | | | | |
| pH 值 | | | | | | |
| 真 pH 值 | | | | | | |

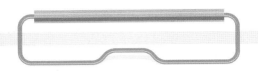

## 問題與討論

1. pH = 3 的溶液之$[H_3O^+]$是 pH = 6 的溶液之$[H_3O^+]$的多少倍？

2. 溶液 pH = 7.31，則$[H_3O^+]$ = ? M （log5=0.6990）

3. 試判別下列各鹽類的酸鹼性？（寫出水解反應方程式）

   (A)$NH_4NO_3$      (B)$KNO_3$      (C)$NaOAc$      (D)$Na_2C_2O_4$      (E)$KBr$

## 實驗 19

Chemistry Experiment
Environmental Protection

# 醋酸解離常數的測定

## 一、目的

（一）　學習使用酸度計。

（二）　學習酸鹼滴定的操作。

（三）　測定醋酸的解離常數。

## 二、原理

　　醋酸($CH_3COOH$)簡寫為 HOAc。是弱酸為弱電解質，它在水溶液中存在以下的解離平衡：

$$HOAc + H_2O \rightleftharpoons H_3O^+ + OAc^-$$

　　若 C 為 HOAc 的起始濃度，$[H_3O^+]$、$[OAc^-]$、$[HOAc]$分別為 $H_3O^+$、$OAc^-$ 及 HOAc 的平衡濃度，$\alpha$ 為解離度，$K_a$ 為解離常數。在稀溶液中$[H_3O^+] = [OAc^-]$，$[HOAc] = C(1-\alpha)$，則 $pH = -\log[H_3O^+]$　$[H_3O^+] = 10^{-pH}$

$$\alpha = \frac{[H_3O^+]}{C} \qquad K_a = \frac{[H_3O^+][OAc^-]}{[HOAc]} = \frac{[H_3O^+]^2}{C(1-\alpha)}$$

$$當 \quad \alpha = \frac{[H_3O^+]}{C} < 5\% 時 \quad K_a = \frac{[H_3O^+]^2}{C}$$

　　故測定了已知濃度 HOAc 溶液的 pH 值，就可計算它的解離常數及解離度。

# 三、儀器與藥品

| 1. 滴定管(50 mL) | 2. 定量瓶(250 mL, 50 mL) | 3. 醋酸(Acetic acid) |
|---|---|---|
| 4. 酚酞指示劑 | 5. 錐形瓶(125 mL) | 6. 燒杯(100 mL) |
| 7. 廣用試紙 | 8. 漏斗 | 9. 移液管 |

# 四、實驗步驟

## （一）醋酸濃度的測定

1. 0.10 N 氫氧化鈉溶液的配製
   (1) 取約 500~700 mL 的蒸餾水，將其煮沸後，以錶玻璃蓋上，冷卻之。
   (2) 以小燒杯粗稱約 1 克的 NaOH，倒入裝有 200 mL 上述蒸餾水的 500 mL 燒杯中，攪拌完全，用傾注法將其倒入 250 mL 的量瓶中。
   (3) 於量瓶中，繼續加入蒸餾水至刻度，並搖盪均勻。
   (4) 將量瓶內氫氧化鈉溶液倒入塑膠瓶中，並貼上標籤。

2. 0.10 N 醋酸溶液配製
   (1) 以量筒量取約 1.38 mL 的濃醋酸(18 M HOAc)，倒入裝有約 200 mL 上述蒸餾水的 250 mL 燒杯中，攪拌完全後，倒入 250 mL 的量瓶中。
   (2) 用蒸餾水洗滌燒杯後，將洗滌液亦倒入量瓶中，繼續加入蒸餾水至刻度，並搖盪均勻。
   (3) 將量瓶的 HOAc 溶液倒入玻璃瓶中，貼上標籤。

3. 醋酸濃度的測定
   (1) 由滴定管中漏約 25 mL HOAc（需記下正確體積 $V_a$ mL）至錐形瓶，加入 2 滴酚酞指示劑（無色）。
   (2) 記錄滴定前滴定管 NaOH 刻度 $V_1$ mL。
   (3) 用 NaOH 滴定至粉紅色為終點，記錄滴定管 NaOH 刻度 $V_2$（毫升）。

4. 求出達滴定終點，NaOH 的用量$(V_2-V_1)$ mL。

5. 求出 HOAc 的當量濃度$(N_a)$。

$$酸之毫克當量數 = 鹼之毫克當量數$$
$$N_a \times V_a = N_b \times (V_2-V_1)$$

6. 重做一次，求出平均值 $N_a$？

## （二）配製不同濃度的醋酸溶液

1. 使用移液吸管分別吸取 50.00 mL、25.00 mL、5.00 mL、2.50 mL 已測定濃度的 HOAc 溶液，放入 50 mL 的定量瓶，再用蒸餾水稀釋到刻度。

2. 計算四瓶醋酸溶液的濃度。

## （三）測定醋酸溶液的 pH 值，並計算醋酸的解離常數

1. 將以上四種不同濃度的醋酸溶液，分別放入四個乾燥的燒杯中。

2. 使用 pH meter（或廣用試紙）分別測定其 pH 值。

3. 計算解離常數($K_a$)及解離度($\alpha$)。

## （四）未知弱酸解離常數的測定

1. 取未知弱酸 25 mL，利用 NaOH 滴定至終點，求其濃度。

2. 另取未知弱酸 25 mL，加水稀釋至 50 mL，使用 pH meter（或廣用試紙）分別測定其 pH 值。

3. 計算解離常數($K_a$)及解離度($\alpha$)。

# 實驗 19 ｜ 醋酸解離常數的測定

結果報告　　　日期＿＿＿＿＿＿

| 班級 | | 組別 | |
|---|---|---|---|
| 姓名 | | 學號 | |

## 五、實驗數據記錄

### （一）醋酸的濃度測定

| | | 試樣 1 | 試樣 2 |
|---|---|---|---|
| 標準溶液 NaOH 的濃度 | $N_b$ | | |
| HOAc 的體積（mL） | $V_a$ | | |
| 滴定前 NaOH 的刻度(mL) | $V_1$ | | |
| 滴定後 NaOH 的刻度(mL) | $V_2$ | | |
| NaOH 耗去的體積(mL) $(V_2-V_1)$ | | | |
| HOAc 的濃度 | | | |
| HOAc 的平均濃度 | $N_a$ | | |
| 公式 | | $N_b \times (V_2-V_1) = N_a \times V_a$ | |

### （二）醋酸的稀釋濃度

| | 原始溶液體積 | 總體積 | 稀釋後濃度 |
|---|---|---|---|
| 試樣 1 | 50.00 mL | | |
| 試樣 2 | 25.00 mL | | |
| 試樣 3 | 5.00 mL | | |
| 試樣 4 | 2.50 mL | | |

### （三）醋酸的 pH 值及 $K_a$ 與 α

| 溶液編號 | C | pH | $[H_3O^+]$ | α | $K_a$ 測定值 | $K_a$ 平均值 |
|---|---|---|---|---|---|---|
| 1 | | | | | | |
| 2 | | | | | | |
| 3 | | | | | | |
| 4 | | | | | | |

(1) 解離度(α)計算

(2) 解離常數 $K_a$ 計算

（四）未知酸的 pH 值及 $K_a$ 與 α

| 未知酸 | C | pH | $[H_3O^+]$ | α | $K_a$ |
|---|---|---|---|---|---|
|  |  |  |  |  |  |

(1) 解離度(α)計算

(2) 解離常數 $K_a$ 計算

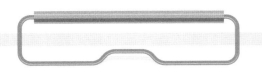

## 問題與討論

1. 請寫出 HOAc 的解離常數式及解離方程式？

2. 已知某弱酸的 $K_a = 1.0 \times 10^{-3}$，則試求 0.10 M 的弱酸的 $[H_3O^+] = $ ？

3. 寫出 6 個強酸及 6 個強鹼的化學式及中文名稱？

## 實驗 20

Chemistry Experiment
Environmental Protection

# 共同離子效應

## 一、目的

（一）　了解化學反應中之共同離子。

（二）　認識共同離子效應。

## 二、原理

　　化學反應中當離子溶液達到平衡時，若加入含有與原平衡系中相同離子的電解質溶液時，依據勒沙特列原理，因平衡系中離子濃度增加，導致平衡移動，會使難溶性鹽類的溶解度變小，或使弱酸或弱鹼的解離度變小，此種效應稱為共同離子效應。

　　本實驗是利用分四部分：

　　　　第一部分反應方程式：$CH_3COOH_{(aq)} \rightarrow CH_3COO^-_{(aq)} + H^+_{(aq)}$

　　醋酸溶液在甲基橙指示劑在 pH=4.0 以下時為紅色，而在 pH=6.0 以上時為黃色。當加入固體的 $CH_3COONa$，表示$[CH_3COO^-]$增加，為了要達到平衡，反應必須向左，促使$[H^+]$減少，所以溶液顏色會變為黃色。當加入固體的 NaOH 時，會與 $H^+$ 作用，促使平衡向右進行，$H^+$濃度的減少，所以會讓溶液呈黃色。當加入 HCl 時促使$[H^+]$增加，所以溶液顏色會變為紅色。

　　　　第二部分反應方程式：$CH_3COOH_{(aq)} \rightarrow CH_3COO^-_{(aq)} + H^+_{(aq)}$
　　　　　　　　　　　　　　$Mg_{(s)} + 2H^+_{(aq)} \rightarrow Mg^{+2}_{(aq)} + H_{2(g)} \uparrow$

　　當醋酸溶液中存在醋酸根離子時，因共同離子效應平衡向左移動，醋酸解離度變小，因此$[H^+]$變小，所以導致鎂帶與酸反應產生的氫氣速率變慢。但是不論

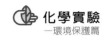
有無共同離子的存在，鎂帶與酸反應產生的氫氣的量，依然相同，只是影響其反應速率。

第三部分反應方程式：$CaCO_{3(s)} + 2H^+_{(aq)} \rightarrow Ca^{+2}_{(aq)} + H_2O_{(l)} + CO_{2(g)} \uparrow$

改以碳酸鈣代替鎂帶，碳酸鈣與酸反應產生二氧化碳，由 $CO_2$ 的產生速率，觀察共同離子效應。

第四部分反應方程式：$NH_4OH_{(aq)} \rightarrow NH^+_{4(aq)} + OH^-_{(aq)}$

在氨水中加入銨離子，平衡向左移，$[OH^-]$ 會降低，因此在溶液中預先加入指示劑酚酞，則顏色由紅轉為無色，以驗證共同離子效應。

## 三、儀器與藥品

| | | |
|---|---|---|
| 1. 量筒(10 mL) | 2. 小氣球 | 3. 1 M HOAc |
| 4. 2 M HOAc | 5. 甲基橙指示劑 | 6. 1 M HCl |
| 7. 醋酸鈉固體 | 8. 鎂帶 | 9. 碳酸鈣粉末 |
| 10. 1 M NH₄OH | 11. 氯化銨固體 | 12. 酚酞指示劑 |

## 四、實驗步驟

### （一）第一部分

1. 取 50 mL 的醋酸溶液於 300 mL 燒杯中，加入數滴甲基橙溶液，注意顏色的改變（由無色變成鮮紅色），然後將它分成兩部分於兩個燒杯。

2. 其中一部份：加入一些固體醋酸鈉，結果可發現溶液顏色變成黃色。

3. 另外一部份：加入一些固體氫氧化鈉，直到溶液變成黃色。

4. 將兩杯均滴入 1.0 M HCl，則溶液呈鮮紅色。

### （二）第二部分

1. 取 10 mL 量筒兩支，並於量筒中分別倒入 2 M 醋酸約 3 mL。

2. 其中一支量筒加入 1 克的醋酸鈉。

3. 於兩量筒中各加入約 3 公分鎂帶。

4. 將兩量筒之口各綁一小氣球。

5. 觀察並比較兩量筒之反應及氣球大小。

## （三）第三部分

1. 取 100 mL 量筒兩支，並於量筒中分別加入約 5 克的 $CaCO_3$ 固體。

2. 其中一支量筒(A)加入 2 M 醋酸溶液 5 mL。

3. 另一量筒(B)加入 2 M 醋酸 5 mL 及 10 克醋酸鈉，攪拌溶解之。

4. 觀察並比較兩量筒之反應及產生氣泡的高度並記錄之。

## （四）第四部分

1. 於 300 mL 燒杯中加入 250 mL 蒸餾水，再加 3~4 滴的酚酞溶液。

2. 逐滴加入 1 M 氨水，直到溶液顏色由無變淡紅。

3. 加入少量氯化銨固體，使溶液由紅轉變無色。

# 實驗 20 | 共同離子效應

結果報告　　日期＿＿＿＿＿＿＿

| 班級 | | 組別 | |
|---|---|---|---|
| 姓名 | | 學號 | |

## 五、實驗數據記錄

### （一）第一部分

| 燒杯 | 加 NaOAc／顏色 | 加 NaOH／顏色 | 加 HC／顏色 |
|---|---|---|---|
| A 燒杯 | | | |
| B 燒杯 | | | |

### （二）第二部分

| 試　劑 | 現　　象 | 氣　球　大　小 |
|---|---|---|
| 醋酸 + 鎂帶 | | |
| 醋酸 + 醋酸鈉 + 鎂帶 | | |

### （三）第三部分

| 試　劑 | 現　　象 | 氣　泡　高　度 |
|---|---|---|
| 醋酸 + $CaCO_3$ | | |
| 醋酸 + 醋酸鈉 + $CaCO_3$ | | |

### （四）第四部分

| 試　劑 | 現　　象 | 顏　色　變　化 |
|---|---|---|
| 蒸餾水 + 酚酞 | | |
| 蒸餾水 + 酚酞 + 氨水 | | |
| 蒸餾水+酚酞+氨水+氯化銨 | | |

## 問題與討論

1. 試述何謂「共同離子效應」？

2. 試說明實驗第一部分，兩個燒杯顏色變化的原因？

3. 試說明實驗第三部分，兩個量筒泡沫高度不同的原因？

**Chemistry Experiment**
Environmental Protection

實驗 21

UNIT 02

# 共同離子效應－影響弱酸解離度

## 一、目的

（一） 利用醋酸與醋酸鈉間的反應說明共同離子效應。

（二） 觀察計算共同離子效應對醋酸解離度($\alpha$)的影響。

（三） 學習利用韓德森方程式，求出緩衝溶液 pH 值。

## 二、原理

　　同離子效應(Common-ion Effect)或稱共同離子效應，意指當兩個具有相同離子的電解質，同時溶入水當中時，其溶解度會互相影響而降低（勒沙特列原理）。同理，若是水溶液當中已經有含某一種離子的鹽類 A，B 為含有相同一種離子的鹽類，若將 B 加入溶液時，原來有的鹽類 A 的溶解度會受到 B 影響降低而可能析出。共同離子效應常見於緩衝系統中，緩衝溶液由一個弱酸與弱酸鹽，或者是弱鹼與弱鹼鹽的共軛酸鹼對所組成的混合溶液。然而，透過調整這弱酸與弱酸鹽的比例（或者是弱鹼與弱鹼鹽的比例）可以改變緩衝溶液的 pH 值，將緩衝溶液配成所需的 pH 值。例如：一個醋酸溶液的解離平衡，反應式如下：

$$HOAc_{(l)} + H_2O_{(l)} \rightarrow H_3O^+_{(aq)} + OAc^-_{(aq)}$$

　　由於醋酸是弱酸的關係，因此醋酸不會完全解離，而是形成一個平衡。因此，在加入醋酸鈉的時候，由於醋酸鈉會完全解離，因此會產生大量的醋酸根離子，使得整個平衡往左邊進行，鋞（氫）離子($H_3O^+$)的濃度降低，溶液的 pH 值上升，溶液鹼性增加。我們可以透過韓德森方程式(Henderson-Hasselbach Equation)來計算，加入的共軛酸鹼對溶液 pH 值的影響。

$$pH = pK_a + \log\frac{[共軛鹼]}{[酸]}$$

## 三、儀器與藥品

| 1. 100 mL 定量瓶 | 2. 50 mL 滴定管 | 3. 250 mL 錐形瓶 |
|---|---|---|
| 4. 玻棒 | 5. 500 mL 定量瓶 | 6. NaOH 固體 |
| 7. 醋酸 | 8. 醋酸鈉 | 9. 廣用試紙 |
| 10. 酚酞指示劑 | 11. 鄰苯二甲酸氫鉀(KHP) | 12. 漏斗 |

## 四、實驗步驟

### （一） 配置 0.10N-NaOH 溶液

精秤 0.40 克 NaOH 放入 100 毫升定量瓶再加入蒸餾水至定量瓶中，直至 100 毫升均勻搖晃使其完全溶解，形成 0.10N-NaOH 溶液。倒入塑膠容器，貼上標籤。

### （二） 標定 NaOH

1. 精秤 0.41 克的 KHP 放入錐形瓶再加入 50 毫升蒸餾水，使其完全溶解，再加入 2~3 滴酚酞指示劑。

2. 滴定管中，並填入 0.10N-NaOH 溶液，再以 NaOH 滴定 KHP 溶液，滴定至呈現為粉紅色，計算 NaOH 濃度($N_b$)。重複實驗乙次。

### （三） 配置 0.10M-CH₃COOH 溶液

量取 3.0 毫升濃醋酸至 500 毫升定量瓶（先加約 200 毫升蒸餾水）中，再加入蒸餾水至定量瓶刻線，搖晃使其均勻，形成 0.10M-CH₃COOH 溶液。倒入容器，貼上標籤。

### （四） 標定 0.10M-CH₃COOH 溶液

1. 量取 20 毫升的醋酸溶液，置於 250mL 錐形瓶，加水稀釋至 50mL，滴入 2~3 滴酚酞指示劑。

2. 再以 0.10N-NaOH 標準溶液滴定至呈現粉紅色。

3. 紀錄 0.10N-NaOH 標準溶液用量。重複實驗乙次。

4. 求出醋酸溶液的濃度($N_a$)。

## （五） 配置 0.10M-CH₃COONa 溶液

　　使用 50 毫升小燒杯精秤 4.0 克的醋酸鈉，加水溶解倒入 500 毫升量瓶中，再加入蒸餾水至量瓶刻線，搖晃使其均勻混合，形成 0.10M-CH$_3$COONa（不需標定）。倒入容器，貼上標籤。

## （六） 測定 pH 值

1. 配置不同濃度的醋酸溶液，以 pH 計或廣用試紙測其 pH 值。

| 編號 | 1 | 2 | 3 | 4 | 5 | 6 | 7 | 8 | 9 |
|---|---|---|---|---|---|---|---|---|---|
| 0.10M-HOAc(mL) | 1.0 | 2.0 | 3.0 | 4.0 | 5.0 | 6.0 | 7.0 | 8.0 | 9.0 |
| 蒸餾水(ml) | 9.0 | 8.0 | 7.0 | 6.0 | 5.0 | 4.0 | 3.0 | 2.0 | 1.0 |

2. 配置不同濃度的醋酸與醋酸鈉混合液，以 pH 計或廣用試紙測其 pH 值。

| 編號 | 1 | 2 | 3 | 4 | 5 | 6 | 7 | 8 | 9 |
|---|---|---|---|---|---|---|---|---|---|
| 0.10M-HOAc(mL) | 1.0 | 2.0 | 3.0 | 4.0 | 5.0 | 6.0 | 7.0 | 8.0 | 9.0 |
| 0.10M-NaOAc(mL) | 9.0 | 8.0 | 7.0 | 6.0 | 5.0 | 4.0 | 3.0 | 2.0 | 1.0 |

3. 得知 pH 值求其解離常數 $K_a$ 及解離度($\alpha$)

$$K_a = \frac{[H_3O^+][OAc^-]}{HOAc} = \frac{[H_3O^+]^2}{C(1-\alpha)} \qquad\qquad \alpha = \frac{[H_3O^+]}{C}$$

# 實驗 21｜共同離子效應－影響弱酸解離度

結果報告　　日期＿＿＿＿＿＿＿

| 班級 | | 組別 | |
|---|---|---|---|
| 姓名 | | 學號 | |

## 五、實驗數據記錄

### （一）NaOH 溶液配製

1. 氫氧化鈉標準溶液的配製

取 NaOH 重＿＿＿＿＿ g，稀釋體積＿＿＿＿＿＿mL。溶液濃度為＿＿＿＿M。

計算式：

### （二）NaOH 溶液的標定

| | 試樣 1 | 試樣 2 |
|---|---|---|
| 鄰苯二甲酸氫鉀重　W | | |
| 滴定前 NaOH　刻度(mL) $V_1$ | | |
| 滴定後 NaOH　刻度(mL) $V_2$ | | |
| NaOH　耗去體積(mL)($V_2$　$V_1$) | | |
| 鄰苯二甲酸氫鉀當量　E | 204.22 | |
| NaOH　濃度 $N_b$ | | |
| NaOH　平均濃度　$N_b$ | | |
| 公式 | $N_b \times \dfrac{(V_2 - V_1)}{1,000} = \dfrac{W}{E}$ | |

計算式：

（三）0.10 N HOAc 標準溶液的配製

濃醋酸濃度＿＿＿＿＿＿N，取濃醋酸體積＿＿＿＿＿＿mL，稀釋體積＿＿＿＿＿＿mL。

溶液濃度為＿＿＿＿＿＿M。

計算式：

（四）標定 HOAc 溶液之濃度($N_a$)

|  | 試樣 1 | 試樣 2 |
|---|---|---|
| 已知 NaOH 的濃度 $N_b$ |  |  |
| 未知濃度 HOAc 的體積(mL) $V_a$ |  |  |
| 滴定前 NaOH 刻度(mL) $V_1$ |  |  |
| 滴定後 NaOH 刻度(mL)$V_2$ |  |  |
| NaOH 耗去體積(mL)($V_2$  $V_1$) |  |  |
| 未知濃度的 HOAc 的濃度 $N_a$ |  |  |
| HOAc 的平均濃度 |  |  |
| 公式 | $N_a \times V_a = N_b \times (V_2$  $V_1)$ |  |

計算式：

（五）0.10 N NaOAc 溶液的配製

取醋酸鈉重＿＿＿＿＿＿ g，稀釋體積＿＿＿＿＿＿mL。溶液濃度為＿＿＿＿＿＿M。

計算式：

## （六） 測定 pH 值

### 1. 醋酸水溶液

| 編號 | 1 | 2 | 3 | 4 | 5 | 6 | 7 | 8 | 9 |
|---|---|---|---|---|---|---|---|---|---|
| 0.10M-CH$_3$COOH(mL) | 1.0 | 2.0 | 3.0 | 4.0 | 5.0 | 6.0 | 7.0 | 8.0 | 9.0 |
| 蒸餾水(ml) | 9.0 | 8.0 | 7.0 | 6.0 | 5.0 | 4.0 | 3.0 | 2.0 | 1.0 |
| 溶液濃度[HOAc] | | | | | | | | | |
| pH | | | | | | | | | |
| α | | | | | | | | | |
| Ka | | | | | | | | | |

計算：

### 2. 醋酸＋醋酸鈉水溶液

| 編號 | 1 | 2 | 3 | 4 | 5 | 6 | 7 | 8 | 9 |
|---|---|---|---|---|---|---|---|---|---|
| 0.10M-CH$_3$COOH(mL) | 1.0 | 2.0 | 3.0 | 4.0 | 5.0 | 6.0 | 7.0 | 8.0 | 9.0 |
| 0.10M-CH$_3$COONa(ml) | 9.0 | 8.0 | 7.0 | 6.0 | 5.0 | 4.0 | 3.0 | 2.0 | 1.0 |
| 溶液濃度[HOAc] | | | | | | | | | |
| 溶液濃度[NaOAc] | | | | | | | | | |
| pH | | | | | | | | | |
| α | | | | | | | | | |
| K$_a$ | | | | | | | | | |

計算：

1. 簡述弱酸中含有共同離子存在時，對弱酸的解離度(α)及解離度是否有影響？如何影響？

2. 水溶液中含有 0.10M 的醋酸及 0.05 M 醋酸鈉，利用「韓德森方程式」，求出溶液的 pH 值？(HOAc pK$_a$ = 4.75)

實驗 22

Chemistry Experiment
Environmental Protection

# 緩衝溶液

## 一、目的

（一） 熟悉緩衝溶液的定義及組成。

（二） 瞭解緩衝溶液在人體中維持 pH 值穩定的重要性。

（三） 學習緩衝系統的配製方法。

（四） 學習測定緩衝能力。

## 二、原理

　　所謂緩衝劑(buffer)是一種弱酸（或弱鹼）與其鹽類的混合液。溶液的 pH 值不因加入少量的強酸或強鹼而改變。至於緩衝劑是如何維持 pH 恆定，如何控制 $H^+$ 與 $OH^-$ 離子的濃度？假設一個弱酸的緩衝溶液(HA+A⁻)，若外界加入 $H^+$(HCl)，則緩衝液中 A⁻ 會和它反應變成 HA，可抵消外來的酸。若外界加入 $OH^-$(NaOH)，則緩衝液中 HA 會和它反應變成 A⁻，可抵消外來的鹼，如下列反應式。

$$A^- + H^+（外來酸）\rightarrow HA$$
$$HA + OH^-（外來鹼）\rightarrow H_2O + A^-$$

　　如此，所新加入之少量酸或鹼，將被 A⁻ 或 HA 消耗掉，溶液能保持很小幅度的 pH 值變化，達到緩衝效果。此種對 pH 變化，具有明顯抵抗性，稱為緩衝能力(buffer capactive)，其定義為：使一公升緩衝溶液，發生一個單位的 pH 值變化（$\Delta pH=1$；例如溶液的 pH 值由 6.16 降到 5.16 或由 6.16 上升到 7.16），所需強酸或強鹼的克當量數(eq)。

　　人體內大多數的生理反應過程對 pH 值的改變都極為敏感。例如：血液通常維持固定的 pH 約 7.41。僅有在此 pH 值時，血液剛好可以運送 $O_2$ 與 $CO_2$，若 pH

低於 7.41 時（$H^+$離子濃度較高），血中血紅素就不會和 $O_2$ 反應；而當 pH 高於 7.41 時（$OH^-$離子濃度較高），肺中 $HCO_3^-$ 就不會變成 $CO_2$。幸運的是，pH 值可以藉特殊混合物稱為緩衝劑的以維持恒定。體液中有三種主要緩衝系統：protein buffer、$H_2CO_3/HCO_3^-$ buffer、$H_2PO_4^-/HPO_4^{-2}$ buffer。血液中重要的緩衝劑有 $H_2PO_4^-$ 與 $HPO_4^{-2}$、$H_2CO_3$ 與 $HCO_3^-$，由下列方程式可看出這些緩衝劑如何控制過多的 $H^+$ 或 $OH^-$ 離子。

$$H^+ + HPO_4^{-2} \rightarrow H_2PO_4^-$$

　　　弱酸的鹽　　　弱酸

$$OH^- + H_2PO_4^- \rightarrow HPO_4^{-2} + H_2O$$

及　$H^+ + HCO_3^- \rightarrow H_2CO_3$

$$OH^- + H_2CO_3 \rightarrow HCO_3^- + H_2O$$

在計算 pH 及緩衝液時，記住 1 個單位的 pH 改變表示 $H^+$ 或 $OH^-$ 有 10 倍的改變。pH=5 溶液 $H^+$ 離子濃度為 pH=3 溶液 $H^+$ 離子濃度的 0.01 倍，為 pH=8 溶液 $H^+$ 離子濃度的 1000 倍。

酸性緩衝液　$HA \rightarrow H^+ + A^-$

$$K_a = \frac{[H^+][A^-]}{[HA]} \Rightarrow [H^+] = \frac{[HA]}{[A^-]} \times K_a$$

鹼性緩衝液　$BOH \rightarrow B^+ + OH^-$

$$K_b = \frac{[B^+][OH^-]}{[BOH]} \Rightarrow [OH^-] = \frac{[BOH]}{[B^+]} \times K_b$$

本實驗中，製備一些緩衝液與非緩衝液，測其原來 pH 值及加入 $H^+$ 或 $OH^-$ 離子後指示劑顏色的變化以得知 pH 值的改變。

## 三、儀器與藥品

| | | |
|---|---|---|
| 1. 燒杯(100、500 mL) | 2. 試管 | 3. 量筒 |
| 4. 塑膠滴管 | 5. 酚酞指示劑 | 6. 溴甲酚綠指示劑 |
| 7. 0.01 M HCl | 8. 溴瑞香草酚藍指示劑 | 9. 0.01 M NaOH |
| 10. 1 M HCl | 11. 1 M NaOH | 12. 0.50 M $NaH_2PO_4$ |
| 13. 0.50 M $Na_2HPO_4$ | 14. 1 M HOAc | 15. 1 M NaOAc |
| 16. 1 M $NH_4OH$ | 17. 1 M $NH_4Cl$ | 18. 廣用試紙（或 pH meter） |

## 四、實驗步驟

本實驗中將利用三種不同指示劑以測定不同酸鹼濃度溶液之 pH 值。

| pH 範圍 | 指示劑 |
|---|---|
| 4.0~6.0 | A（溴甲酚綠，Bromcresol green） |
| 6.0~8.0 | B（溴瑞香草酚藍，Bromthymol blue） |
| 8.0~10.0 | C（酚酞，Phenophthalein） |

### （一）非緩衝液的 pH 值變化

1. 製備非緩衝液

溶液甲：$10^{-2}$ M $NH_4OH$

溶液乙：$10^{-2}$ M HCl

溶液丙：$10^{-2}$ M HOAc

2. 測定非緩衝液的 pH 值及指示劑顏色變化

(1) 取甲、乙及丙等溶液各取約 5 mL，分別置於 3 支小試管中，使用酸鹼計(pH meter)或廣用試紙測量其 pH 值，詳細記錄其值。

(2) 上述 3 支小試管中，再各別加入兩滴，B、A 及 C 指示劑，紀錄其顏色變化。

3. 加酸後測定非緩衝液的 pH 值

(1) 在另三支試管中各倒入 5 mL 溶液甲、乙及丙，各加一滴 1 M 的 HCl 至每支試管中，攪拌均勻。

(2) 如同 2.中步驟，溶液甲以指示劑 B 測試，溶液乙以指示劑 A 測試，溶液丙用指示劑 C 測試，觀察的顏色與變色標準比較，決定各溶液 pH 值，並記錄結果（以 pH meter 定溶液 pH 值或以廣用試紙測定其 pH 值）。（注意此三支試管中都加了酸液）。

### 4. 加鹼後測定非緩衝液的 pH 值

(1) 在另外三支試管中各倒入 5 mL 溶液甲、乙及丙。各加一滴 1 M NaOH 至每支試管中，攪拌均勻。如同 3.中步驟，加入指示劑 B、A、C，決定各溶液的的 pH 值並記錄結果（以 pH meter 測定溶液 pH 值或以廣用試紙測定其 pH 值）。（注意此三支試管中都加了鹼液）。

## （二）利用緩衝溶液測定弱酸之解離常數($K_a$)

1. 稱取約 0.60 克的 $NaH_2PO_4 \cdot 2H_2O$，溶於 100 mL 的試劑水中，分成兩等量，置於 A、B 兩個 250 mL 錐形瓶中，各約 50 mL。

2. 在 A 瓶中加入 2 滴酚酞指示劑，並使用 0.20 M NaOH 滴定至當量點（溶液由無色→紅色，至少 30 秒不褪色止），紀錄所消耗 NaOH 之體積(mL)。

3. 使用量筒，量取與步驟 2.所消耗 NaOH 等量之試劑水，加入 B 瓶中；則 A 瓶中 $HPO_4^{-2}$（鹽）與 B 瓶中 $H_2PO_4^-$（酸），不但濃度相同，且溶液體積亦相同。

4. 從 A、B 兩錐形瓶中，各取出 15 mL 溶液，放入一個乾淨的 50 mL 燒杯中混合攪拌，以酸鹼計(pH meter)或廣用試紙測其 pH 值，利用 Henderson-Hasselbalch Equation：$pH = pK_a + \log \{ [共軛鹼]/[酸] \}$，求出弱酸的 $K_a = ?$

## （三）緩衝液的 pH 值變化

### 1. 製備緩衝液

溶液丁：$H_2PO_4^-$ 與 $HPO_4^{-2}$ buffer 在燒杯或三角錐瓶中將 10 mL 的 0.50 M 磷酸二氫鈉($NaH_2PO_4$)溶液及 10 mL 的 0.50 M 磷酸氫二鈉($Na_2HPO_4$)溶液混合而得。

溶液戊：$HC_2H_3O_2$ 與 $C_2H_3O_2^-$ buffer。將 10 mL 的 1 M 醋酸($HC_2H_3O_2$)溶液及 10 mL 的 1 M 醋酸鈉($NaC_2H_3O_2$)溶液混合而得。

溶液己： $NH_4OH$ 與 $NH_4^+$(1：1) buffer。將 10 mL 的 1 M 氨水溶液($NH_4OH$)及 10 mL 的 1 M 氯化銨($NH_4Cl$)溶液混合而得。

## 2. 測定緩衝液的 pH 值

(1) 參照第一部分 2.中步驟測定溶液丁、戊、己等的 pH 值並記錄結果，使用下列指示劑以測定各溶液 pH 值。

| 溶液 | 指示劑 |
|------|--------|
| 丁 | B（Bromthymol blue，溴瑞香草酚藍） |
| 戊 | A（Bromcresol green，溴甲酚綠） |
| 己 | C（Phenophthalein，酚酞） |

## 3. 加酸後測定緩衝液的 pH 值[註]

(1) 在另三支試管中各放入 5 mL 的緩衝液丁、戊、己，各加 2 滴指示劑及 1 滴的 1 M HCl。

(2) 決定各試管內的 pH 值（以 pH meter 測定溶液 pH 值或以廣用試紙測定其 pH 值）並與 2.中步驟比較，記錄任何的顏色差異。

## 4. 加鹼後測定緩衝液的 pH 值

(1) 在另外三支試管中各放入 5 mL 的緩衝液丁、戊、已，各加入指示劑及 1 滴的 1 M NaOH。

(2) 決定各試管內的 pH 值（以 pH meter 測定溶液 pH 值或以廣用試紙測定其 pH 值）並與 2.中步驟比較，記錄任何的顏色差異。

## （四）緩衝溶液的緩衝能力

## 1. 測定緩衝溶液對於酸的緩衝能力

(1) 吸取緩衝溶液丁 15mL 於 250 mL 錐形瓶中，使用 pH meter 或廣用試紙測定溶液 pH 值，取 0.1 M HCl 溶液慢慢滴入溶液丁中，直到緩衝溶液的 pH 值變化量，恰為一個單位後（ΔpH=1；例如：6.96→5.96），才停止滴加 0.10M HCl 溶液，紀錄所滴加的 0.10 M HCl 之總體積（用於計算緩衝溶液對強酸之緩衝能力）。

(2) 溶液戊及己同樣操作。

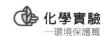
2. 測定緩衝溶液對於鹼的緩衝能力

(1) 吸取緩衝溶液丁 15mL 於 250 mL 錐形瓶中，使用 pH meter 或廣用試紙測定溶液 pH 值，改用 0.10 M NaOH 溶液慢慢滴入溶液丁中，直到緩衝溶液的 pH 值變化量，恰為一個單位後，紀錄所滴加的 0.10 M NaOH 之總體積（用於計算緩衝溶液對強鹼之緩衝能力）。[註]

(2) 溶液戊及己同樣操作。

註 緩衝溶液 pH 值的計算 → 韓德生－哈色巴方程式 (Henderson-Hasselbalch equation)，可表示為：

$$pH = pK_a + \log\frac{[共軛鹼]}{[酸]} \quad 或 \quad pOH = pK_b + \log\frac{[共軛酸]}{[鹼]}$$

當緩衝溶液是由等莫耳數的酸（鹼）與共軛鹼（共軛酸）組成，則緩衝效率最佳。將緩衝溶液中的酸與鹼的莫耳數或濃度代入韓德生－哈色巴方程式，即可求得溶液的 pH 值。

# 實驗 22 | 緩衝溶液

結果報告　　　日期_____

| 班級 | | 組別 | |
|---|---|---|---|
| 姓名 | | 學號 | |

## 五、實驗數據記錄

### （一）非緩衝液的 pH 值變化

(1) 測定非緩衝液的 pH 值

| 溶液指示劑 | 類　　　別 | pH 值 | 指 示 劑 | 顏　　色 |
|---|---|---|---|---|
| 甲 | $10^{-2}$M $NH_4OH$ | | B | |
| 乙 | $10^{-2}$M HCl | | A | |
| 丙 | $10^{-2}$M NaOH | | C | |

(2) 加酸後測定非緩衝液的 pH 值

| 溶液 | 類　　　別 | pH 值 | 指 示 劑 | 加 HCl 後之顏色 |
|---|---|---|---|---|
| 甲 | $10^{-2}$M $NH_4OH$ | | B | |
| 乙 | $10^{-2}$M HCl | | A | |
| 丙 | $10^{-2}$M NaOH | | C | |

(3) 加鹼後測定非緩衝液的 pH 值

| 溶液 | 類　　　別 | pH 值 | 指 示 劑 | 加 NaOH 後之顏色 |
|---|---|---|---|---|
| 甲 | $10^{-2}$M$NH_4OH$ | | B | |
| 乙 | $10^{-2}$M HCl | | A | |
| 丙 | $10^{-2}$M NaOH | | C | |

（二）測定弱酸之解離常數(Ka)

1. 滴定時 0.20 M NaOH 之用量：＿＿＿＿＿＿＿mL。

2. A、B 瓶混合液之 pH 值：＿＿＿＿＿＿＿＿＿。

3. 弱酸 $NaH_2PO_4 \cdot 2H_2O$ 的 $K_a$ =＿＿＿＿＿＿＿＿＿。

4. 計算過程：

（三）緩衝液的 pH 值變化

(1) 測定緩衝液的 pH 值

| 溶液 | 類　　　別 | pH 值 | 指　示　劑 | 顏　　色 |
|---|---|---|---|---|
| 丁 | $NaH_2PO_4 + Na_2HPO_4$ | | B | |
| 戊 | $HC_2H_3O_2 + NaC_2H_3O_2$ | | A | |
| 己 | $NH_4OH + NH_4Cl (1：1)$ | | C | |

(2) 加酸後測定緩衝液的 pH 值

| 溶液 | 類　　　別 | pH 值 | 指　示　劑 | 加 HCl 後之顏色 |
|---|---|---|---|---|
| 丁 | $NaH_2PO_4 + Na_2HPO_4$ | | B | |
| 戊 | $HC_2H_3O_2 + NaC_2H_3O_2$ | | A | |
| 己 | $NH_4OH + NH_4Cl (1：1)$ | | C | |

(3) 加鹼後測定緩衝液的 pH 值

| 溶液 | 類　　　別 | pH 值 | 指　示　劑 | 加 NaOH 後之顏色 |
|---|---|---|---|---|
| 丁 | $NaH_2PO_4 + Na_2HPO_4$ | | B | |
| 戊 | $HC_2H_3O_2 + NaC_2H_3O_2$ | | A | |
| 己 | $NH_4OH + NH_4Cl (1：1)$ | | C | |

(4) 緩衝溶液的緩衝能力

　　(a)對 NaOH

| 溶液 | 類　　　別 | 原 pH 值 | 後 pH 值 | 加入 NaOH mL | 加入 NaOH eq |
|------|-----------|----------|----------|--------------|--------------|
| 丁 | $NaH_2PO_4+Na_2HPO_4$ | | | | |
| 戊 | $HC_2H_3O_2+NaC_2H_3O_2$ | | | | |
| 己 | $NH_4OH+NH_4Cl(1：1)$ | | | | |

　　(b)對 HCl

| 溶液 | 類　　　別 | 原 pH 值 | 後 pH 值 | 加入 HCl mL | 加入 HCl eq |
|------|-----------|----------|----------|-------------|-------------|
| 丁 | $NaH_2PO_4+Na_2HPO_4$ | | | | |
| 戊 | $HC_2H_3O_2+NaC_2H_3O_2$ | | | | |
| 己 | $NH_4OH+NH_4Cl(1：1)$ | | | | |

#### 問題與討論

1. 試述何謂「緩衝溶液」？

2. 試述「緩衝能力」的定義？

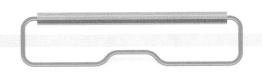

3. 同學配好 0.10 M HOAc 及 0.10 M NaOAc，由於未貼標籤，事後二者無法由外觀辨識。可用什麼方法區別之？

4. 試求下列緩衝溶液之 pH 值（溶液丁、戊、己）？(log2=0.3010，log3=0.4771，log5=0.6990)（參考基本概念第三節）

   (a)  0.10 M HOAc + 0.10 M NaOAc ($K_a=1.80\times10^{-5}$)

   (b)  0.10 M $NH_4OH$ + 0.10 M $NH_4Cl$ ($K_b=1.80\times10^{-5}$)

   (c)  0.10 M $NaH_2PO_4$+0.10 M$Na_2HPO_4$ ($K_2=6.0\times10^{-8}$)

實驗 23

Chemistry Experiment
Environmental Protection

# 酸鹼滴定：標準溶液的配製與標定

UNIT 02

## 一、目的

（一） 熟悉酸鹼溶液的配製。

（二） 熟習酸鹼滴定的操作。

（三） 練習溶液的標定。

## 二、原理

酸與鹼混合，生成鹽和水，稱為酸鹼中和(neutralization)即：酸＋鹼→鹽＋水 ($H^+ + OH^- \rightarrow H_2O$)。滴定是利用中和原理，藉著指示劑的變色，達當量點，而求出未知溶液的濃度。於滴定中，最常使用的濃度為當量濃度（規定濃度 N）。而所謂達當量點時為酸的克當量數等於鹼的克當量數。$N_aV_a = N_bV_b$

$N_a$：酸的當量濃度　　　　　$V_a$：酸的體積

$N_b$：酸的當量濃度　　　　　$V_b$：鹼的體積

要判定酸鹼滴定是否達到當量點，通常選擇適當的指示劑，由指示劑的顏色變化（即一般所稱之滴定終點 end point），來判斷此當量點，表 23-1 為一般滴定時選擇指示劑的參考。

### 表 23-1　滴定時指示劑的選擇

| 酸 | 鹼 | 當量點時的溶液性質 | 可採用的指示劑 |
|---|---|---|---|
| 強 | 強 | 中性 | 酚酞、甲基橙 |
| 強 | 弱 | 偏酸性 | 甲基橙、甲基紅 |
| 弱 | 強 | 偏鹼性 | 酚酞、茜素黃 R |
| 弱 | 弱 | 約為中性 | 石蕊、溴瑞香草藍 |

　　每種指示劑，其變色範圍的 pH 值各不相同，在選擇使用適當指示劑時，須視滴定時之當量點而定（可由滴定曲線求得）。

　　本實驗共分三部分；第一部分實驗 23，先配製氫氧化鈉鹼性溶液，用基準試劑[註1](KHP)去標定[註2]之，求出氫氧化鈉之精確濃度，此為標準溶液[註3]，再利用此標準溶液測定所配製的酸溶液。第二部分實驗 24，利用本實驗已標定之酸鹼標準溶液，測定洗衣粉的鹼度。第三部分實驗 25，酸定量及強酸與弱酸混合液的定量。

註　1. 基準試劑：一級標準品是用來標定未知溶液的純固體試藥。

　　2. 標定：利用基準試劑測定標準溶液的濃度之過程。

　　3. 標準溶液：正確知道其濃度的試劑。

# 三、儀器與藥品

| 1. 燒杯　1000 mL | 2. 燒杯　100 mL | 3. 定量瓶　250 mL |
|---|---|---|
| 4. 攪拌棒 | 5. 吸量管 | 6. 錐形瓶　125 mL |
| 7. 滴定管　50 mL | 8. 塑膠瓶　500 mL | 9. 玻璃瓶　500 mL |
| 10. 漏斗 | 11. 濃鹽酸 | 12. NaOH 固體 |
| 13. 酚酞指示劑 | 14. 鄰苯二甲酸氫鉀(KHP) | 15. 改良甲基紅指示劑[註4] |
| 16. 改良甲基橙指示劑[註5] | | |

註　4. 改良甲基紅指示劑配製：取 20 毫克甲基紅及 100 毫克的溴甲酚綠溶解於 100 mL 乙醇。

　　5. 改良甲基橙指示劑配製：取 100 毫克甲基橙及 300 毫克的靛胭脂溶解於 100 mL 水中。

# 四、實驗步驟

## （一）溶液配製

1. 0.10 N 氫氧化鈉溶液的配製。$\dfrac{W}{E} = N \times V$

(1) 取約 500~700 mL 的蒸餾水，將其煮沸後，以錶玻璃蓋上，冷卻之。

(2) 以小燒杯粗稱約 1 克的 NaOH，倒入裝有 200 mL 上述蒸餾水的 500 mL 燒杯中，攪拌完全，用傾注法將其倒入 250 mL 的定量瓶中。

(3) 於定量瓶中，繼續加入蒸餾水至刻度，並搖盪均勻。

(4) 將定量瓶內氫氧化鈉溶液倒入塑膠瓶中，並貼上標籤。

2. 0.10 N 鹽酸溶液的配製 $(N_1V_1=N_2V_2)$

(1) 以量筒量取約 2.10 mL 的濃鹽酸(12 N HCl)，倒入裝有約 200 mL 上述蒸餾水的 250 mL 燒杯中，攪拌完全後，倒入 250 mL 的定量瓶中。

(2) 用蒸餾水洗滌燒杯後，將洗滌液亦倒入定量瓶中，繼續加入蒸餾水至刻度，並搖盪均勻。

(3) 將定量瓶的 HCl 溶液倒入玻璃瓶中，貼上標籤。

## （二）溶液的標定

1. 標定 NaOH 之濃度$(N_b)$

(1) 將酸鹼滴定管洗淨，分別用 5 mL 之 NaOH 溶液沖洗，再裝滿 NaOH，記錄滴定前刻度 $V_1$ mL。

(2) 精稱約 0.50 克的鄰苯二甲酸氫鉀$[C_6H_4(COOH)(COOK)]$（分子量=204.22）（圖 23-1），放入 250 mL 錐形瓶中。

(3) 錐形瓶加蒸餾水 25 mL 溶解後做為標準溶液，加入 2 滴酚酞指示劑（無色），用 NaOH 滴定至粉紅色為終點，記錄滴定管 NaOH 的刻度 $V_2$（毫升）。

(4) 求出達滴定終點，NaOH 的用量$(V_2-V_1)$ mL

(5) 求出 NaOH 的當量濃度$(N_b)$。酸之克當量數 = 鹼之克當量數

$$N_b \times \left( \frac{V_2 - V_1}{1000} \right) = \frac{W}{204.22}$$

(6) 重做一次，求出平均值 $N_b$？

🧪 **圖 23-1　鄰苯二甲酸氫鉀(KHP)**

（**Potassium Biphthalate**，簡稱 KHP）（分子量：204.22）的結構

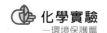
2. 標定 HCl 之濃度($N_a$)

(1) 由滴定管中漏約 25 mL HCl（需記下正確體積 $V_a$ mL）至 125 mL 錐形瓶，加入 2 滴酚酞指示劑（無色）。

(2) 記錄滴定前滴定管 NaOH 刻度 $V_1$ mL。

(3) 用 NaOH 滴定至粉紅色為終點，記錄滴定管 NaOH 刻度 $V_2$（毫升）。

(4) 求出達滴定終點，NaOH 的用量 $(V_2-V_1)$ mL。

(5) 求出 HCl 的當量濃度($N_a$)。

酸之毫克當量數=鹼之毫克當量數

$$N_a \times V_a = N_b \times (V_2-V_1)$$

(6) 重做一次，求出平均值 $N_a$？

3. $Na_2CO_3$ 固體當基準試劑，標定 HCl 溶液

(1) 將酸鹼滴定管洗淨，分別用 5 mL 之 HCl 酸沖洗，再裝滿 HCl，記錄滴定前刻度 $V_1$ mL。

(2) 稱取無水 $Na_2CO_3$ 約 0.20～0.25 克，倒入 250 mL 錐形瓶中，加入約 50 mL 蒸餾水，搖盪均勻使其完全溶解，並加入 2 滴改良甲基紅混合指示劑（或改良甲基橙）。

(3) 以 HCl 溶液滴定 $Na_2CO_3$ 溶液，於溶液由藍變成紅色或綠變紫色時（以空白試驗的結果為參考），記錄 HCl 的刻度($V_2$ mL)。

(4) 計算 HCl 耗去體積 $V_a=V_2-V_1$ mL

(5) 重複上述步驟一次。

(6) 利用 $N_a \times \dfrac{V_2-V_1}{1000} = \dfrac{W}{E}$ 求出 HCl 的濃度，並求其平均值。

# 實驗 23│酸鹼滴定：標準溶液的配製與標定

結果報告　　　日期＿＿＿＿＿＿＿＿＿

| 班級 | | 組別 | |
|---|---|---|---|
| 姓名 | | 學號 | |

## 五、實驗數據記錄

### （一）溶液配製

1. 氫氧化鈉標準溶液的配製

   取 NaOH 重＿＿＿＿＿＿ g，稀釋體積＿＿＿＿＿＿＿＿mL。溶液濃度為＿＿＿＿＿＿M。

   計算式：

2. 0.10 N HCl 標準溶液的配製

   濃鹽酸濃度＿＿＿＿＿＿N，取濃鹽酸體積＿＿＿＿＿＿mL，稀釋體積＿＿＿＿＿＿mL。

   溶液濃度為＿＿＿＿＿＿M。

   計算式：

### （二）溶液的標定

1. 標定 NaOH 溶液之濃度($N_b$)

| | 試樣 1 | 試樣 2 |
|---|---|---|
| 鄰苯二甲酸氫鉀重 W | | |
| 滴定前 NaOH 刻度(mL) $V_1$ | | |
| 滴定後 NaOH 刻度(mL)$V_2$ | | |
| NaOH 耗去體積(mL)($V_2 - V_1$) | | |
| 鄰苯二甲酸氫鉀當量 E | 204.22 | |
| NaOH 濃度 $N_b$ | | |
| NaOH 平均濃度 $N_b$ | | |
| 公式 | $N_b \times \dfrac{(V_2 - V_1)}{1,000} = \dfrac{W}{E}$ | |

計算式：

## 2. 標定 HCl 溶液之濃度($N_a$)

| | 試樣 1 | 試樣 2 |
|---|---|---|
| 已知 NaOH 的濃度 $N_b$ | | |
| 未知濃度 HCl 的體積(mL) $V_a$ | | |
| 滴定前 NaOH 刻度(mL) $V_1$ | | |
| 滴定後 NaOH 刻度(mL)$V_2$ | | |
| NaOH 耗去體積(mL)$(V_2 - V_1)$ | | |
| 未知濃度的 HCl 的濃度 $N_a$ | | |
| HCl 的平均濃度 | | |
| 公式 | $N_a \times V_a = N_b \times (V_2 - V_1)$ | |

計算式：

## 3. 用基準試劑 $Na_2CO_3$ 標定 HCl 溶液

| | 試 樣 1 | 試 樣 2 |
|---|---|---|
| 無水碳酸鈉重 W | | |
| 滴定前 HCl 刻度(mL) $V_1$ | | |
| 滴定後 HCl 刻度(mL)$V_2$ | | |
| HCl 耗去體積(mL)$(V_2 - V_1)$ | | |
| 碳酸鈉當量 E | 106/2 | |
| HCl 濃度 $N_a$ | | |
| HCl 平均濃度 $N_a$ | | |
| 公式 | $N_a \times \dfrac{(V_2 - V_1)}{1,000} = \dfrac{W}{E}$ | |

計算式：

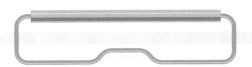

## 問題與討論

1. 在一般的酸鹼滴定中，多加指示劑對於實驗結果有何影響？

2. 酸鹼滴定中如何選擇適當的指示劑？

3. 取 0.35 克的 KHP 加水 50 mL 溶解，加入指示劑兩滴，以 NaOH 滴定達終點，用去體積 45.46mL，試求 NaOH 的濃度？

**實驗 24**

Chemistry Experiment

Environmental Protection

# 酸鹼滴定：試料的測定與逆滴定

## 一、目的

（一） 應用酸鹼滴定法測定試料中鹼含量。

（二） 熟習酸鹼滴定的計算。

（三） 了解反滴定的應用。

## 二、原理

　　去汙粉除含主要成分之無水碳酸鈉外，尚含有氯化物或氫氧化物等雜質，因此在基本定量時無需求出，含水碳酸鈉之百分組成只需知道樣品中含總鹽基度之百分組成以 $Na_2O$％表示出來即可。本實驗利用 HCl 標準溶液直接滴定，測定洗衣粉的總鹼度，以及使用反滴定法測定洗衣粉的總鹼度，比較兩種方法的優劣性。間接滴定又稱反滴定及逆滴定，通常在無適當的指示劑或滴定終點不明確時使用。間接滴定法係加入過量之標準溶液於試料中，等到反應完結後過剩之標準溶液再用另一種標準溶液作逆滴定，由此兩次滴定所用兩種標準溶液毫當量數差，求出試料純度的方法：例如 $A + B \rightarrow C$ 之反應時：

　　設試料 A 之毫克當量數：A meq

　　加入試料中過剩標準溶液 B 的毫克當量數：B meq $= N_B \times V_B$

　　反應完結後剩於標準溶液 B 的毫克當量數：D meq $= N_D \times V_D$

$$A \quad + \quad B \xrightarrow{\phantom{xxxxx}} C$$

$$(N_B \times V_B - N_D \times V_D) = A （毫克當量數）$$

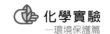
# 三、儀器與藥品

| 1. 燒杯(1000 mL) | 2. 燒杯(100 mL) | 3. 定量瓶(250 mL) |
|---|---|---|
| 4. 攪拌棒 | 5. 吸量管 | 6. 錐形瓶(125 mL) |
| 7. 滴定管(50 mL) | 8. 塑膠瓶 500 mL | 9. 玻璃瓶 500 mL |
| 10. 漏斗 | 11. 濃鹽酸(12N) | 12. NaOH 固體 |
| 13. 酚酞指示劑 | 14. 鄰苯二甲酸氫鉀(KHP) | 15. 洗衣粉 |

# 四、實驗步驟

## （一）配製 0.10 M NaOH 標準溶液

以 100 mL 塑膠稱量瓶取 NaOH 固體約 1 克，溶於少量去離子水，溶解後將溶液移入 250 mL 體積定量瓶，加水稀釋至標線且混合均勻。保存於塑膠瓶中。

## （二）0.12 HCl 標準溶液配製

取濃鹽酸 2.50 mL 溶於水中，將溶液移入 250 mL 體積定量瓶，加水稀釋至標線且混合均勻。保存於玻璃瓶中。

## （三）標定 0.10 M NaOH 標準溶液

1. 精稱 0.20 克 KHP 放入 125mL 錐形瓶中加入 50 mL 煮沸過的去離子水，加酚酞 2 滴。
2. 以 NaOH 標準溶液滴定，溶液由無色轉變為粉紅色，到達滴定終點。
3. 記錄 NaOH 標準溶液用去的體積(mL)。
4. 計算 NaOH 濃度($N_b$)。

## （四）HCl 標準溶液濃度的標定

1. 由滴定管中漏約 25 mL HCl（需記下正確體積 $V_a$ mL）至 125 mL 錐形瓶，加入 2 滴酚酞指示劑（無色）。
2. 記錄滴定前滴定管 NaOH 刻度 $V_1$ mL。
3. 用 NaOH 滴定至粉紅色為終點，記錄滴定管 NaOH 刻度 $V_2$（毫升）。
4. 求出達滴定終點，NaOH 的用量($V_2-V_1$) mL。
5. 求出 HCl 的當量濃度($N_a$)。$N_a \times V_a = N_b \times (V_2-V_1)$

## （五）洗衣粉鹼度(Na$_2$O = 62)– 直接滴定法

1. 精稱洗衣粉約 0.50 克(W)（小燒杯），放入 250 mL 錐形瓶加蒸餾水 25 mL 溶解後加入 2 滴酚酞指示劑（紅色）。

2. 將 HCl 標準液裝滿滴定管，記錄滴定前刻度(V$_1$ mL)。

3. 用 HCl(N$_a$)滴定至無色為終點，記錄 HCl 於滴定管刻度 V$_2$(mL)。

4. 求達滴定終點 HCl 耗去量(V$_2$–V$_1$) mL。

5. 求出洗衣粉鹼度之平均重量百分率％。

$$洗衣粉的鹼度\% = \frac{N_a \times (V_2 - V_1) \times \frac{62}{2}}{1000\ W} \times 100\%$$

6. 重做一次，求出洗衣粉鹼度之平均重量百分率％。

## （六）洗衣粉的總鹼度的定量– 間接滴定法（反滴定）

1. 以小燒杯稱取洗衣粉試樣約 0.50 克(W)，分別置於 250 毫升之錐形瓶中，加入 25 mL 的蒸餾水溶解後，混合均勻。

2. 從滴定管中滴加入約 30 毫升（V$_a$ mL；記錄正確體積）已標定過之 HCl 溶液於錐形瓶中。

3. 加入 2 滴酚酞指示劑，此時溶液呈無色。

4. 以校正過之標準 NaOH 溶液滴定，已溶解之洗衣粉溶液，開始時可以稍快，但快到終點時，將滴速減慢，直到溶液由無色變為粉紅色止，如 30 秒仍不褪色，即為終點。（記錄 NaOH 耗去體積 V$_b$ mL）

5. 如滴定超過終點時，可用已知濃度的 HCl 逆滴定之。

6. 重複上述實驗一次。

7. 以下列公式計算其總鹼度，並求其平均值。

$$洗衣粉的鹼度Na_2O\% = \frac{(N_a V_a - N_b V_b) \times \frac{62}{2}}{1000\ W} \times 100\%$$

# 實驗 24 | 酸鹼滴定：試料的測定與逆滴定

結果報告　　　日期＿＿＿＿＿＿＿＿

| 班級 | | 組別 | |
|------|--|------|--|
| 姓名 | | 學號 | |

## 五、實驗數據記錄

### （一）配製 0.10 M NaOH 標準溶液

NaOH：淨重＿＿＿＿＿＿＿＿ g，配製體積＿＿＿＿＿＿ mL，濃度＿＿＿＿＿＿＿ N

請列出計算式：

### （二）0.12 HCl 標準溶液配製

取濃鹽酸＿＿＿＿＿＿＿ mL，稀釋總體積＿＿＿＿＿＿＿＿＿＿＿＿＿＿ mL，濃度＿＿＿＿＿＿＿ M

請列出計算式：

### （三）0.10 N 氫氧化鈉標準溶液之標定

鄰苯二甲酸氫鉀重量：＿＿＿＿＿＿＿＿＿＿＿ g，稀釋體積＿＿＿＿＿＿＿ mL

滴定體積：初讀數＿＿＿＿＿＿＿ mL，終讀數＿＿＿＿＿＿＿ mL，滴定體積＿＿＿＿＿＿ mL

氫氧化鈉標準溶液濃度($N_b$)＿＿＿＿＿＿＿＿＿＿＿ N

請列出計算式：

（四）HCl 標準溶液濃度的標定

取 HCl 體積_____ mL，滴定體積：初讀數_____mL，終讀數_____mL，

滴定體積_____mL，HCl 標準溶液濃度($N_a$)_____N

（五）洗衣粉的鹼度分析(%)一直接滴定法

| | 試樣 1 | 試樣 2 |
|---|---|---|
| 標準溶液 HCl 的濃度 $N_a$ | | |
| 洗衣粉的重量 W | | |
| 滴定前 HCl 的刻度(mL) $V_1$ | | |
| 滴定後 HCl 的刻度(mL) $V_2$ | | |
| HCl 耗去的體積(mL) ($V_2-V_1$) | | |
| 洗衣粉的鹼含量 $Na_2O\%$ | | |
| 鹼的當量 E | 62/2 | |
| 洗衣粉鹼的平均含量 $Na_2O\%$ | | |
| 公式 | $\left[ N_a \times \dfrac{(V_2 - V_1) \times E}{1,000} \div W \right] \times 100\%$ | |

請列出計算式：

（六）洗衣粉的鹼度分析(%)一間接滴定法（反滴定）

| | 試樣 1 | 試樣 2 |
|---|---|---|
| 標準溶液 HCl 的濃度 $N_a$ | | |
| 標準溶液 NaOH 的濃度 $N_b$ | | |
| 洗衣粉的重量 W | | |
| 加入 HCl 的體積(mL) $V_a$ | | |
| 滴定時耗去 NaOH 的體積(mL)$V_b$ | | |
| 洗衣粉的鹼含量 $Na_2O\%$ | | |
| 鹼的當量 E | 62/2 | |
| 洗衣粉鹼的平均含量 $Na_2O\%$ | | |
| 公式 | $\left[ \dfrac{(N_aV_a - N_bV_b) \times E}{1,000} \div W \right] \times 100\%$ | |

請列出計算式：

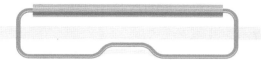

## 問題與討論

1. 測定洗衣粉的鹼度用直接滴定或間接滴定較準確，試說明理由。

2. 在酸鹼滴定過程中，如果不小心把滴定液滴入太多，超過當量點，應如何補救之？請舉例說明。

3. 取洗衣粉 0.45 克加入 50 mL 0.12 N 的 HCl，加入指示劑兩滴，再以 0.11 N 的 NaOH 進行逆滴定，用去體積 12.33 mL，求洗衣粉鹼度%？

## 實驗 25

Chemistry Experiment
Environmental Protection

# 酸定量及強酸與弱酸混合液的定量

## 一、目的

（一）了解酸鹼反應達滴定終點時，指示劑的運用原理。

（二）利用酸鹼滴定測定試料中酸的含量。

（三）利用兩段變色範圍的指示劑，求出混合液中強酸與弱酸的重量百分比。

## 二、原理

　　酸與鹼反應的中和理論點稱為當量點(equivalence point)，而反應進行時，眼睛所被示意滴定已完成，需停止滴定時稱為滴定終點(titrationend point)。在待滴定分析液中(analyte)加入指示劑(indicator)，由溶液的顏色變化，判定已達滴定終點。溴甲酚綠(Bromocresol green)指示劑其 $pK_a$ 值為 4.66，則溶液的 pH 值小於 $pK_a-1$ 時，即溶液的 pH 值約為 3.66 以下，則溶液所顯示的顏色為溴甲酚綠酸性形式的黃色。當進行酸鹼中和，加入滴定劑(titrant)，溶液的 pH 值提高到大於 $pK_a+1$，即溶液的 pH 值約為 5.66 時，則溶液所顯示的顏色為溴甲酚綠鹼性形式的藍色。在此滴定過程中，當溶液的 pH 值介於 $pK_a-1$ 和 $pK_a+1$，即 3.66＜pH＜5.66，此範圍稱為變色範圍(transition range)，溶液會呈現指示劑酸性形式和鹼性形式的綜合顏色，此時，尚未達滴定終點。本實驗第一部分，分析已知成分弱酸的含量，使用酚酞指示劑。食醋中的醋酸含量可用標準鹼的滴定來測定，雖然有其他酸存在，分析結果通常用醋酸來表示 HOAc%，食醋中主要的酸成分。第二部分，分析已知成分的強酸、弱酸混合液，藉由不同變色範圍的指示劑顏色變化來分別顯示強酸和弱酸的滴定終點。

　　Thymol blue 是具有二段變色區域的指示劑，其二段 pH 變化範圍和滴定反應之二個終點的變化區域相吻合，可用此單一指示劑來進行混合物的定量實驗。

Thymol blue 之二段變色區域是 pH 1.2（紅色）→pH 2.8（黃色）；pH 8.0（黃色）→pH 9.6（藍色），第二段的變色區域和酚酞相同，亦可用酚酞取代。

Yellow

Red

Blue

| 指示劑名稱 | pH 值 | 顏色變化 | $pK_a$ |
|---|---|---|---|
| 瑞香草酚藍(thymol blue)（鹼性） | 8.0~9.6 | 黃→藍 | 8.90 |
| 瑞香草酚藍(Thymol blue)（酸性） | 1.2~2.8 | 紅→黃 | 1.65 |
| 甲基橙(methyl orange) | 3.1~4.4 | 紅→橘 | 3.46 |
| 溴甲酚綠(bromocresol green) | 3.8~5.4 | 黃→藍 | 4.66 |
| 甲基紅(methyl red) | 4.2~6.2 | 紅→黃 | 5.00 |
| 溴甲酚紫(bromocresol purple) | 5.2~6.8 | 黃→紫 | 6.12 |
| 溴瑞香草酚藍(bromothymol blue) | 6.0~7.6 | 黃→藍 | 7.10 |
| 酚紅(phenol red) | 6.8~8.4 | 黃→紅 | 7.81 |
| 酚酞(phenophthalein) | 8.2~10.0 | 無→紅 | 9.70 |

　　滴定劑(titrant) NaOH，因固體氫氧化鈉易潮解且分子量小的特性，其並非一級標準物(primary standard)，因此需以標定(standardization)方式決定 NaOH 的濃度。精秤一級標準物，鄰苯二甲酸氫鉀(KHP)溶於適量去離子水，加入酚酞指示劑，以氫氧化鈉滴定之，當 KHP 溶液由無色變成粉紅色時，表示達滴定終點，記錄 NaOH 的滴定體積 $V_{NaOH}(mL)$，利用下式算出標定過之 NaOH 的濃度。

$$M_{NaOH} \times \frac{V_{NaOH}}{1000} = \frac{W_{KHP}}{204.22}$$

　　由鹽酸和醋酸所配成的混合溶液，以 Thymol blue 當指示劑，用 NaOH 來滴定，當溶液由紅色變黃色，表示鹽酸到達滴定終點，記錄所使用 NaOH 的體積為 $(V_1) \rightarrow V_{T.B}(R\sim Y)$，此時 HCl 完全中和反應；繼續滴定，當溶液由黃色變藍色，則表示醋酸到達滴定終點，記錄所使用 NaOH 的體積為 $(V_2) \rightarrow V_{T.B}(Y\sim B)$。由兩個滴定終點所滴定的 NaOH 體積可分別算出混合酸中鹽酸與醋酸的重量百分比。

$$HCl\% = \frac{V_1 \times M_{NaOH} \times 36.45}{V_1 \times M_{NaOH} \times 36.45 + V_2 \times M_{NaOH} \times 60.05} \times 100\%$$

$$HOAc\% = \frac{V_2 \times M_{NaOH} \times 60.05}{V_1 \times M_{NaOH} \times 36.45 + V_2 \times M_{NaOH} \times 60.05} \times 100\%$$

# 三、儀器與藥品

| 1. 酚酞指示劑[註1] | 2. 瑞香草酚藍指示劑[註2] | 3. 吸量管(25 mL) |
|---|---|---|
| 4. 燒杯(100 mL) | 5. 錐形瓶(125 mL) | 6. 濃 HCl |
| 7. 濃 HOAc | 8. NaOH 固體 | 9. 鄰苯二甲酸氫鉀(KHP) |
| 10. 滴定管(50 mL) | 11. 燒杯(500 mL) | 12. 定量瓶(250 mL) |

註 1. 酚酞指示劑(phenophthalein indicator, $C_{20}H_{14}O_4$)：取約 1.0 克的酚酞溶於 95% 乙醇 100 mL，使其盡量溶解（稍呈混濁，留有少許未溶固體的過飽和溶液）。

　　2. 瑞香草酚藍指示劑(Thymol blue indicator, $C_{27}H_{30}O_5S$)：取 0.40 克瑞香草酚藍溶於 20%乙醇 100 mL。

# 四、實驗步驟

## （一）配製 0.10 M NaOH 標準溶液

取 400 mL 去離子水加熱至沸騰 2~3 分鐘後，冷卻至室溫。以 100 mL 塑膠燒杯盛裝 NaOH 固體，粗秤 1.00 克 NaOH，溶於去除 $CO_2$ 之去離子水，溶解後將溶液移入 250 mL 體積量瓶，以煮沸過的去離子水稀釋至標線且混合均勻。

## （二）標定 0.10 M NaOH 標準溶液

1. 精稱 0.20 克 KHP 放入 125mL 錐形瓶中加入 50 mL 煮沸過的去離子水，加酚酞 2 滴。

2. 以 NaOH 標準溶液滴定，溶液由無色轉變為粉紅色，到達滴定終點。

3. 記錄 NaOH 標準溶液用去的體積(mL)。

4. 重複此標定過程，計算平均 NaOH 濃度。

## （三）食醋之酸度 (CH₃COOH = 60)

1. 用量筒取約 5 mL 食醋，倒入錐形瓶中，稱重(W)，並加 25 mL 蒸餾水。

2. 加入一滴酚酞指示劑於錐形瓶中（無色）。

3. 記錄滴定前滴定管 NaOH 刻度 $V_1$ mL。

4. 用 NaOH 滴定至粉紅色為終點，記錄滴定管 NaOH 刻度 $V_2$ (mL)。

5. 求出達滴定終點，NaOH 的用量$(V_2-V_1)$ mL。

6. 求出食醋酸度之平均重量百分率%。

$$食醋的酸度\% = \frac{N_b \times (V_2 - V_1) \times 60}{1000\ W} \times 100\%$$

7. 重複步驟 1~6，求出食醋酸度之平均重量百分率%。

## （四）強酸與弱酸混合液的定量

1. 以體積型吸量管吸取 25 mL 混合酸溶液，加入 5 滴 Thymol blue 指示劑，此時溶液呈淡紅色。

2. 用標定過之 NaOH 標準溶液滴定至溶液變為淡黃色，記錄 NaOH 滴定所耗去的體積為$(V_1)$ →$V_{T.B}(R\sim Y)$。

3. 繼續滴定，直到溶液由淡黃色轉變為淺藍色，記錄 NaOH 滴定所耗去的體積為$(V_1)$ →$V_{T.B}(Y\sim B)$。

4. 重複步驟 1~3。

5. 計算 HCl 和 $CH_3COOH$ 的重量百分比。

# 實驗 25｜酸定量及強酸與弱酸混合液的定量

結果報告　　日期＿＿＿＿＿＿＿＿

| 班級 | | 組別 | |
|---|---|---|---|
| 姓名 | | 學號 | |

## 五、實驗數據記錄

### （一）氫氧化鈉標準溶液的配製

取 NaOH 重＿＿＿＿＿ g，稀釋體積＿＿＿＿＿＿＿＿mL。溶液濃度為＿＿＿＿＿M。

### （二）NaOH 標準溶液的標定

| | 試樣 1 | 試樣 2 |
|---|---|---|
| 鄰苯二甲酸氫鉀重（KHP） | | |
| 滴定前 NaOH 刻度(mL) $V_1$ | | |
| 滴定後 NaOH 刻度(mL) $V_2$ | | |
| NaOH 耗去體積(mL)($V_2-V_1$) | | |
| 鄰苯二甲酸氫鉀當量 E | 204.22 | |
| NaOH 濃度 $N_b$ | | |
| NaOH 平均濃度 $N_b$ | | |
| 公式 | $N_b \times \dfrac{(V_2-V_1)}{1,000} = \dfrac{W}{E}$ | |

### （三）食醋的酸度分析(%)

| | 試樣 1 | 試樣 2 |
|---|---|---|
| 標準溶液 NaOH 的濃度 $N_b$ | | |
| 食醋的重量(W) | | |
| 滴定前 NaOH 的刻度(mL)$V_1$ | | |
| 滴定後 NaOH 的刻度(mL)$V_2$ | | |
| NaOH 耗去的體積(mL)($V_2-V_1$) | | |
| 食醋中 HOAc 的含量(%) | | |
| 醋酸的當量 E | 60 | |
| 食醋中 HOAc 的平均含量 | | |
| 公式 | $\left[ N_b \times \dfrac{(V_2-V_1) \times E}{1,000} \right] \div W \times 100\%$ | |

## （四）強酸與弱酸混合液的定量

|  | 樣品 1 | 樣品 2 |
|---|---|---|
| 混合酸樣品體積(mL) V |  |  |
| NaOH 標準液的濃度 $N_b$ |  |  |
| $V_{T.B}$ (R~Y) (mL) →$V_1$ |  |  |
| $V_{T.B}$ (Y~B) (mL) →$V_2$ |  |  |
| HCl 的當量 E | 36.45 | |
| HOAc 的當量 E | 60.05 | |
| 樣品中 HCl 的含量% |  |  |
| 樣品中 HOAc 的含量% |  |  |

 問題與討論

1. 配製好的 NaOH 溶液的濃度為何需標定(standardization)？

2. 滴定食醋為何選用酚酞為指示劑？

3. 本實驗如欲選用另外兩種指示劑分別進行前、後兩階段的滴定，討論你所選用之指示劑及其變色範圍、呈色說明。

4. 強酸與弱酸的混合液，第一階段滴定時，為何 NaOH 只與 HCl 作用，而未與 $CH_3COOH$ 作用。

## 實驗 26

# 雙重指示劑滴定法

## 一、目的

（一）藉兩種不同酸鹼指示劑，測定碳酸鹽混合物中兩種成分之含量。

（二）學習雙重指示劑的一般分析技巧。

## 二、原理

　　某些指示劑在中和之不同階段變色之事實，可應用於測定某種混合物中成分組成百分率之容量分析，此時觀察在一滴定中兩個終點之變化，可藉著兩種不同指示劑在不同 pH-range 辨別決定後，計算由滴定達到各終點，所需滴定液之個別體積而求得各成分組成百分率。

　　應用雙重指示劑滴定原理可分析 $Na_2CO_3$ 與 $NaHCO_3$ 之混合試料：茲將此情況詳細加以討論之：先用酚酞為指示劑用標準 HCl 溶液滴定，當溶液從粉紅色轉變為無色時，表示第一終點已到達（用去 HCl→x mL），此時 $Na_2CO_3$ 進行了第一階段中和變為 $NaHCO_3$，滴入改良甲基紅混合指示劑之後繼續再以標準 HCl 溶液滴定，當溶液由藍色變為紅色時表示 $NaHCO_3$ 完成第二階段中和反應（用去 HCl →y mL）[註1]，由兩次所用 HCl 之體積，計算混合物中 $NaHCO_3$ 與 $Na_2CO_3$ 之含量百分率。本實驗滴定技巧是針對碳酸鹽混合物中含有碳酸鈉和碳酸氫鈉兩種成分而設計。

**註** 1. y mL 一定大於 x mL，否則實驗需重做！

　　本實驗之第一終點及第二終點之中和反應以下列反應方程式說明之；

$$Na_2CO_3 + HCl \rightarrow NaHCO_3 + NaCl$$

$$NaHCO_3 + HCl \rightarrow NaCl + H_2O + CO_2$$

第二終點中和時所耗之鹽酸溶液比第一終點中和時多，因除了 $Na_2CO_3$ 中和所生之 $NaHCO_3$ 外，另有試樣中所含有的 $NaHCO_3$。

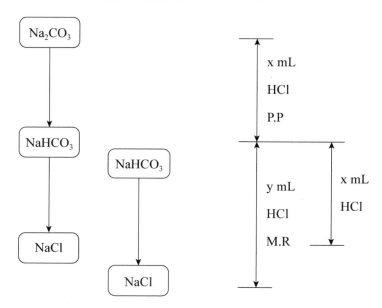

計算式：

$$Na_2CO_3\% = \frac{2 \times X\ mL \times N_{HCl} \times \frac{106}{2000}}{樣品重} \times 100\%$$

$$NaHCO_3\% = \frac{(Y - X)mL \times N_{HCl} \times \frac{84}{1000}}{樣品重} \times 100\%$$

## （二）$Na_2CO_3$ 與 NaOH 之混合試料

先用酚酞為指示劑用標準 HCl 溶液滴定，當溶液從粉紅色轉變為無色時，表示第一終點已到達（用去 HCl→x mL），此時混合物中之 NaOH 完全被中和，而 $Na_2CO_3$ 進行了第一階段中和變為 $NaHCO_3$，然後滴入改良甲基紅混合指示劑之後繼續再以標準 HCl 溶液滴定，當溶液由藍色變為紅色時表示 $NaHCO_3$ 完成第二階段中和反應（用去 HCl→y mL）[註2]，由兩次所用 HCl 之體積，計算混合物中 NaOH 與 $Na_2CO_3$ 之含量百分率。

本實驗之第一終點及第二終點之中和反應以下列反應方程式說明之；

$$NaOH + HCl \rightarrow NaCl + H_2O$$

$$Na_2CO_3 + HCl \rightarrow NaHCO_3 + NaCl$$

第一終點中和時所耗之鹽酸溶液比第二終點中和時多，因除了中和 NaOH 即將 $Na_2CO_3$ 中和生成 $NaHCO_3$。第二終點僅中和 $NaHCO_3$。

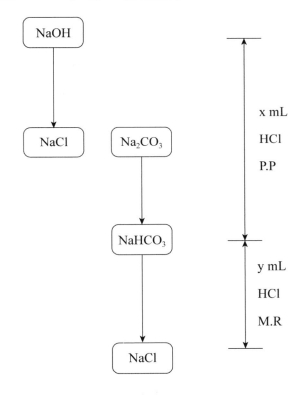

$$Na_2CO_3\% = \frac{2 \times Y \text{ mL} \times N_{HCl} \times \dfrac{106}{2000}}{\text{樣品重}} \times 100\%$$

$$NaOH\% = \frac{(X - Y)\text{mL} \times N_{HCl} \times \dfrac{40}{1000}}{\text{樣品重}} \times 100\%$$

本實驗滴定技巧是針對碳酸鹽混合物中含有碳酸鈉和碳酸氫鈉兩種成分或碳酸鈉和氫氧化鈉而設計。

**註 2.** x mL 一定大於 y mL，否則實驗需重做！

## 三、儀器與藥品

| | | |
|---|---|---|
| 1. 錐形瓶(125 mL) | 2. 滴定管(50 mL) | 3. NaOH 固體 |
| 4. 攪拌棒 | 5. 酚酞指示劑 | 6. 改良甲基紅指示劑 |
| 7. $Na_2CO_3$ 固體 | 8. 濃 HCl | 9. $NaHCO_3$ 固體 |
| 10.改良甲基橙指示劑 | | |

## 四、實驗步驟

### （一）0.15 N HCl 標準溶液的配製

取 3.12 mL 的濃鹽酸，加水稀釋至 250 mL 的定量瓶中。

### （二）空白滴定

取 0.20 克 NaCl 加入 125 mL 錐形瓶中，加 30 mL 蒸餾水，加入混合甲基紅指示劑 2 滴或改良甲基橙，用 0.15 N HCl 滴定，滴定至終點（藍→紅或綠→紫），記錄終點呈色顏色及耗去體積。

### （三）HCl 標準溶液的標定

1. 於 110℃ 烘箱內，事先烘乾 $Na_2CO_3$。

2. 於 50 mL 酸式滴定管中，裝入配製好的 HCl 溶液（記錄其刻度 $V_1$ (mL)）。（事先檢查滴定管是否會漏？並先用少量 HCl 溶液浸洗）

3. 稱取 $Na_2CO_3$ 約 0.20~0.25 克，倒入 250 mL 錐形瓶中，加入約 50 mL 蒸餾水，搖盪均勻使其完全溶解，並加入 2 滴改良甲基紅指示劑（或改良甲基橙）。

4. 以 HCl 溶液滴定 $Na_2CO_3$ 溶液，於溶液由藍變成紅或綠變紫色時（以空白試驗的結果為參考），記錄 HCl 的刻度($V_2$ mL)。

5. 計算 HCl 耗去體積 $V_a=(V_2 - V_1)$ mL

6. 重複上述步驟一次。

7. 利用 $N_a \times \dfrac{V_a}{100} = \dfrac{W}{E}$ 求出 HCl 的濃度，並求其平均值。

## （四）雙重指示劑滴定

1. $NaHCO_3 + Na_2CO_3$ 混合物

   (1) 取碳酸鹽混合物約 0.25 克，放入 250 mL 錐形瓶中，加入 125 mL 的錐形瓶中，加入 2 滴酚酞指示劑，然後以鹽酸溶液滴定至粉紅色剛好消失，記下所用鹽酸體積(X mL = $V_1$ mL)。

   (2) 再加入 2 滴改良甲基紅指示劑或改良甲基橙，繼續以鹽酸溶液滴定，由藍色變為紅色或綠色變紫色止，記下所用鹽酸體積(YmL = $V_2$ mL)。

   (3) 重複上述步驟一次。

   (4) 計算其各成分含量，並求平均值。

2. $Na_2CO_3 + NaOH$ 混合物（容易潮解，可先配成混合溶液）

   (1) 取碳酸鹽混合溶液 1.00 克，放入 250 mL 錐形瓶中，加入 100 mL 的試劑水於錐形瓶中，加入 2 滴酚酞指示劑，然後以鹽酸溶液滴定至粉紅色剛好消失，記下所用鹽酸體積(X mL = $V_1$ mL)。

   (2) 再加入 2 滴改良甲基紅指示劑或改良甲基橙，繼續以鹽酸溶液滴定，由藍色變為紅色或綠色變為紫色止，記下所用鹽酸體積(YmL = $V_2$ mL)。

   (3) 重複上述步驟一次。

   (4) 計算其各成分含量，並求平均值。

# 實驗 26 │ 雙重指示劑滴定法

結果報告　　日期＿＿＿＿＿＿＿＿

| 班級 | | 組別 | |
|---|---|---|---|
| 姓名 | | 學號 | |

## 五、實驗數據記錄

（一）0.15 N HCl 標準溶液的配製

濃鹽酸的濃度＿＿＿＿＿N，取濃鹽酸＿＿＿＿＿mL，稀釋總體積＿＿＿＿＿mL。

HCl 溶液的濃度 ＿＿＿＿＿N。

計算式：

（二）空白滴定

取樣品體積＿＿＿ mL，滴定耗去 HCl 體積＿＿＿mL。滴定終點呈色＿＿色。

（三）用基準試劑 $Na_2CO_3$ 標定 HCl 溶液

| | 試　樣 1 | 試　樣 2 |
|---|---|---|
| 無水碳酸鈉重 W | | |
| 滴定前 HCl 刻度(mL) $V_1$ | | |
| 滴定後 HCl 刻度(mL) $V_2$ | | |
| HCl 耗去體積(mL)$V_2 - V_1$ | | |
| 碳酸鈉當量 E | 106/2 | |
| HCl 濃度 $N_a$ | | |
| HCl 平均濃度 $N_a$ | | |
| 公式 | $N_a \times \dfrac{(V_2 - V_1)}{1,000} = \dfrac{W}{E}$ | |

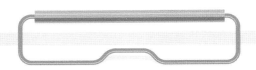

計算式：

## （四）雙重指示劑滴定

(1) $NaHCO_3+Na_2CO_3$ 混合物

|  | 樣品 1 | 樣品 2 |
|---|---|---|
| 碳酸鹽樣品重 W |  |  |
| HCl 標準液的濃度 N |  |  |
| 酚酞終點耗去的體積(mL)X = $V_1$ |  |  |
| 改良甲基紅終點耗去的體積(mL)Y=$V_2$ |  |  |
| $Na_2CO_3$ 的當量 E | 106/2 | |
| $NaHCO_3$ 的當量 E | 84.0 | |
| 樣品中 $Na_2CO_3$ 的含量% |  |  |
| 樣品中 $NaHCO_3$ 的含量% |  |  |
| 樣品中平均 $Na_2CO_3$ 的含量% |  |  |
| 樣品中平均 $NaHCO_3$ 的含量% |  |  |

計算式：

(2) $Na_2CO_3 + NaOH$ 混合物

| | 樣品 1 | 樣品 2 |
|---|---|---|
| 碳酸鹽樣品重 W | | |
| HCl 標準液的濃度 N | | |
| 酚酞終點耗去的體積(mL)X = $V_1$ | | |
| 改良甲基紅終點耗去的體積(mL)Y=$V_2$ | | |
| $Na_2CO_3$ 的當量 E | 106/2 | |
| NaOH 的當量 E | 40 | |
| 樣品中 $Na_2CO_3$ 的含量% | | |
| 樣品中 NaOH 的含量% | | |
| 樣品中平均 $Na_2CO_3$ 的含量% | | |
| 樣品中平均 NaOH 的含量% | | |

計算式：

## 問題與討論

1. 說明本實驗的空白實驗之作用？

2. 簡述本實驗滴定技巧中，兩種指示劑的作用為何？

3. 寫出本實驗一般雙重指示劑滴定法的計算公式？

## 實驗 27

**Chemistry Experiment**
Environmental Protection

# 過錳酸鉀滴定法——石灰石中鈣量

## 一、目的

（一） 瞭解過錳酸鉀溶液的配製方法。

（二） 瞭解過錳酸鉀溶液之標定原理及方法。

（三） 瞭解利用氧化還原滴定測定石灰石中鈣量之原理及方法。

## 二、說明

過錳酸鉀滴定法可分為直接法與間接法兩種：

### （一）直接法（直接滴定法）

過錳酸鉀($KMnO_4$)內，Mn 的氧化數為「+7」，對其他反應物而言，為強氧化劑，表示本身很容易還原。過錳酸鉀直接滴定還原劑($C_2O_4^{-2}$)，乃利用兩者直接的氧化還原反應與當量關係作定量的根據，在酸性溶液中到達當量點時，過錳酸鉀由紫色變為無色($Mn^{+2}$)。反應方程式如下：

$$2MnO_4^- + 5C_2O_4^{-2} + 16H^+ \rightarrow 2Mn^{+2} + 10CO_2 + 8H_2O$$

所以 2 mole $MnO_4^-$ 會消耗 5 mole $C_2O_4^{-2}$，其換算公式

$$5 \times M_1 \times V_1 = 2 \times M_2 \times V_2$$

$M_1$：$MnO_4^-$之莫耳濃度　　$V_1$：$MnO_4^-$之體積

$M_2$：$C_2O_4^{-2}$之莫耳濃度　　$V_2$：$C_2O_4^{-2}$之體積

## （二）間接法（間接滴定法）

先使一定量（已知）的還原劑與目的物反應完全後，再用過錳酸鉀去滴定此還原劑的過剩量，然後由此一定量還原劑之克當量數減去和它反應用去的過錳酸鉀之克當量數，就可算出要定量之目的物還原劑的克當量數，如重鉻酸鹽可與一定量的硫酸亞鐵溶液混合，重鉻酸根即被還原為鉻離子($Cr_2O_7^{-2}+6Fe^{+2}+14H^+ \rightarrow 2Cr^{+3}+6Fe^{+3}+7H_2O$)，然後再用過錳酸鉀溶液滴定過剩的亞鐵離子，即可求出重鉻酸鹽之克當量數。若過錳酸鉀滴定超過終點時，可用硫酸亞鐵或硫酸亞鐵銨標準溶液逆滴定。本實驗使用草酸鹽，將石灰石或大理石中的鈣變為草酸鈣沉澱過濾，洗滌之後溶於稀硫酸成為草酸：

$$Ca^{+2} + C_2O_4^{-2} \rightarrow CaC_2O_4$$
$$CaC_2O_4 + H_2SO_4 \rightarrow CaSO_4 + H_2C_2O_4$$

用標準 $KMnO_4$ 溶液滴定 $H_2C_2O_4$，因為 $Ca^{+2} : C_2O_4^{-2} = 1 : 1$
所以 $Ca^{+2}$ 的 mole = $C_2O_4^{-2}$ 的 mole 藉以求出含 Ca 或 CaO 之百分率。

## 三、儀器與藥品

| 1. 6 N NH$_4$OH | 2. 甲基紅指示劑 | 3. 6%(w/v) (NH$_4$)$_2$C$_2$O$_4$ |
|---|---|---|
| 4. 濃 HCl | 5. KMnO$_4$ 固體 | 6. Na$_2$C$_2$O$_4$ |
| 7. 2 N H$_2$SO$_4$ | 8. 錐形瓶(125 mL) | 9. 滴定管(50 mL) |
| 10. 燒杯(300 mL) | 11. 攪拌棒 | 12. CaCO$_3$ 固體粉末 |

## 四、實驗步驟

### （一）0.10 M 過錳酸鉀標準溶液配製

取過錳酸鉀 0.79 克，溶於 250 mL 蒸餾水中，緩緩煮沸 15 分鐘，冷卻，使用玻璃過濾器過濾（除去少量二氧化錳不純物），儲存於棕色瓶中。

### （二）過錳酸鉀溶液的標定（草酸鈉為標定劑）

1. 精稱草酸鈉約 0.20 克，分別置於 250 mL 錐形瓶中。

2. 加入 100 mL 2 N H$_2$SO$_4$ 溶解之。

3. 加熱至約 80°C，用溫度計攪拌，趁熱開始用過錳酸鉀溶液滴定，開始時紫色不易褪去，但後來褪色速度會增快，滴到微紅色，保持 30 秒不褪色是為終點（滴定過程溶液須保持 60°C 以上）。

4. 計算過錳酸鉀之當量濃度

$KMnO_4$ 之當量濃度：N

$KMnO_4$ 用去之體積：V mL

$Na_2C_2O_4$ 之重量：W

$Na_2C_2O_4$ 之克當量：E (134.014/2 =67.007) $\Rightarrow$ $N \times \dfrac{V}{1000} = \dfrac{W}{67.007}$

## （三）石灰石中－鈣的定量

1. 精稱試料約 0.30 克，分別置於 300 mL 之燒杯中，加水 10 mL 及濃鹽酸 10 mL（逐滴加入，小心勿濺出）**請在抽氣櫃中進行**。

2. 加熱溶解，冷卻後加水稀釋至 50 mL，加熱至沸騰，再加入 100 mL 6%(w/v)$(NH_4)_2C_2O_4$溶液。

3. 加入 3~4 滴甲基紅，逐滴加入 6 N 氨水，並時時攪拌，至變成鹼性（溶液呈黃色）為止。

4. 使溶液靜置 30 分鐘後過濾，用 10 mL 水洗滌沉澱物數次，濾液丟棄。

5. 沉澱物$(CaC_2O_4)$移至 250 mL 錐形瓶中，加入 150 mL 水及 50 mL 2 N $H_2SO_4$溶液。

6. 將溶液等分為兩份，每份為 100 mL。

7. 將溶液加熱至 60~80°C，用標準 $KMnO_4$ 溶液滴定（整個滴定過程中溶液要保持在 60°C 以上）。

8. 記錄用去 $KMnO_4$ 之體積，求出樣品中 Ca %

計算法：試料重 W 克

$\quad\quad\quad$ $KMnO_4$ 之當量濃度 N

$\quad\quad\quad$ $KMnO_4$ 所用去體積 V mL

$\quad\quad\quad$ Ca 之克當量 E =40/2 =20

$\Rightarrow Ca\% = \dfrac{N \times \dfrac{V\ mL}{1000} \times 20}{W} \times 100\% = ?\%$

# 實驗 27｜過錳酸鉀滴定法——石灰石中鈣量

結果報告　　日期＿＿＿＿＿＿＿＿

| 班級 | | 組別 | |
|---|---|---|---|
| 姓名 | | 學號 | |

## 五、實驗數據記錄

（一）0.10 M KMnO₄ 標準溶液配製

KMnO₄ 稱取量：淨重＿＿＿＿＿＿＿＿ g，配製體積＿＿＿＿＿＿mL，濃度＿＿＿＿M。

計算式：

（二）過錳酸鉀溶液的標定

| | 試樣 1 | 試樣 2 |
|---|---|---|
| 草酸鈉重 W | | |
| 滴定前 KMnO₄ 刻度(mL) $V_1$ | | |
| 滴定後 KMnO₄ 刻度(mL) $V_2$ | | |
| KMnO₄ 耗去體積(mL)　($V_2 - V_1$) | | |
| $Na_2C_2O_4$ 當量　E | | |
| KMnO₄ 的濃度　　　　N | | |
| KMnO₄ 的平均濃度 | | |
| 公式 | $N \times \dfrac{(V_2 - V_1)}{1,000} = \dfrac{W}{E}$ | |

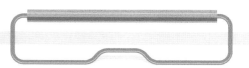

計算式：

## （三）石灰石中鈣含量測定

|  | 試樣 1 | 試樣 2 |
|---|---|---|
| 樣品重 W | | |
| 標準溶液 $KMnO_4$ 之濃度　　N | | |
| 滴定前 $KMnO_4$ 刻度(mL)　　$V_1$ | | |
| 滴定後 $KMnO_4$ 刻度(mL)　　$V_2$ | | |
| $KMnO_4$ 耗去體積(mL)　　$V_2-V_1$ | | |
| 鈣當量 E | | |
| 樣品中鈣的含量 | | |
| 樣品中鈣的平均含量 | | |
| 公式 | $\left[ N \times \dfrac{(V_2 - V_1) \times E}{1,000} \div W \right] \times 100\%$ | |

計算式：

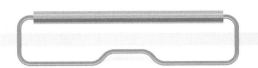

 問題與討論

1. 請寫出過錳酸鉀與草酸鈉的反應方程式？

2. 本實驗為何不需加指示劑？

3. 請寫出本實驗鈣含量的計算過程？

## 實驗 28

# 水的硬度與軟化

**Chemistry Experiment**
Environmental Protection

## 一、目的

（一） 認識水的硬度之定義及其測定法。

（二） 瞭解水的各種軟化方法。

（三） 比較硬水及軟化後軟水的硬度。

## 二、原理

水中如溶有可溶性鈣、鎂等金屬氯化物、硫酸鹽或酸性碳酸鹽等，即稱為硬水(hard water)，一般硬水可分為暫時硬水(temporary hard water)與永久硬水(permanent hard water)兩類。暫時硬水乃水中含有碳酸氫鈣$[Ca(HCO_3)_2]$或碳酸氫鎂$[Mg(HCO_3)_2]$者，而永久硬水則含有鈣、鎂的氯化物（如 $CaCl_2$、$MgCl_2$）或硫酸鹽（如 $MgSO_4$、$CaSO_4$）的水。

硬度的表示法，通常以 ppm $CaCO_3$ 硬度為表示之，其 1 ppm $CaCO_3$ 定義為 1 L 水中所含 1 毫克重量的 $CaCO_3$。硬水的軟化方法有下列幾種：(1)煮沸法；(2)沉澱劑法；(3)錯離子劑法（EDTA，圖 28-1）；(4)沸石交換法($Na_2Z$)；(5)離子交換樹脂法($RSO_3Na$)等。

$$HOOCH_2C \diagdown N \diagup CH_2COOH$$

圖 28-1　EthyleneDiamineTetraAcetic acid (EDTA)

1. 煮沸法：反應式如下：$Ca(HCO_3)_{2(aq)} \rightarrow CaCO_{3(s)} \downarrow + CO_{2(g)} \uparrow + H_2O_{(l)}$ 此法只適用於含碳酸氫鹽類的暫時硬水，加熱煮沸後使其生成 $CO_2$ 氣體，且令碳酸氫鹽轉化成碳酸鹽沉澱。

2. 沉澱劑法：
   (1) 石灰法　$Ca(HCO_3)_2 + Ca(OH)_2 \rightarrow 2CaCO_3 \downarrow + 2H_2O$
   　　　　　　$Mg(HCO_3)_2 + Ca(OH)_2 \rightarrow MgCO_3 \downarrow + CaCO_3 \downarrow + 2H_2O$

   (2) 純鹼法
   　　　　$CaCl_2 + Na_2CO_3 \rightarrow CaCO_3 \downarrow + 2NaCl$
   　　　　$CaSO_4 + Na_2CO_3 \rightarrow CaCO_3 \downarrow + Na_2SO_4$

   (3) 磷酸鹽法
   　　　　　$3CaSO_4 + 2Na_3PO_4 \rightarrow Ca_3(PO_4)_3 \downarrow + 3Na_2SO_4$

   　　此法對於暫時硬水及永久硬水均適用，常用的沉澱劑有 $Ca(OH)_2$、$Na_2CO_3$、$Na_3PO_4$ 與硬水中之鈣、鎂離子作用而減少水中硬度。

　　以 EDTA（ethylenediaminetetraacetic acid，乙二胺四醋酸的縮寫）檢驗水質硬度，乃是藉著其與水樣中的鈣、鎂離子作用生成可溶性的錯離子化合物加入少量的染料 EBT(Eriochrome Black T)，而溶液之 pH = 10.0 ± 0.1 時，有足量的 EDTA 加入時則所有的鈣、鎂均成為錯離子化合物；此刻溶液之顏色變化由粉紅色變為藍色，此時即達到終點操作時 pH 值範圍在 10.0 ± 0.1 為佳，pH 值愈高，則終點變色判斷更明顯，但 pH 值不能無限制的增加，如太高時容易造成 $CaCO_3$ 及 $Mg(OH)_2$ 的沉澱，且易使染料變色，本實驗滴定操作時間以五分鐘以內為佳，可減少 $CaCO_3$ 沉澱之發生，在日常生活上利用 EDTA 滴定法來決定飲用水的硬度問題，水中$(Ca^{+2} + Mg^{+2})$含量超過 150 ppm，即不適合飲用，水的硬度是表明水中所含各種物質含量最大限度的一種規定，水的硬度是因水中含鈣、鎂鹽類，暫時硬水是水中含碳酸氫鈣或碳酸氫鎂，加熱之後生成碳酸鈣或碳酸鎂沉澱後便可去除。此種硬水因加熱後沉澱析出形成鍋垢，不直接飲入對人體無影響，永久硬水是水中含有鈣、鎂的硫酸鹽或氯鹽，此種硬水不因加熱而有所影響，飲入人體時若含量過高則易得腎結石，因此對飲水硬度的滴定是包含暫時與永久兩種硬度，則是總硬度的檢定，選定一種藍色染料如 EBT 為指示劑，它與水中鎂離子形成

紅色錯離子，以標準 EDTA 溶液滴定之，水中鈣離子先與 EDTA 形成錯離子，金屬離子與 EDTA 是以莫耳數 1：1 結合成錯離子，當繼續滴定時，EDTA 再與染料—金屬錯離子中鎂離子形成螯形錯離子，而將染料放出而回復其原來的藍色，記錄用去 EDTA 容積計算水的硬度。水的硬度以 ppm (part per million)表示，也就是在一百萬克的水中含有 1 克 $CaCO_3$ 稱為 1 ppm。

$$M + EBT \rightarrow M\text{-}EBT（紅色錯離子）$$

$$M - EBT + EDTA \rightarrow M\text{-}EDTA + EBT（藍色）$$

$$M = Ca^{+2} 及 Mg^{+2}$$

# 三、儀器與藥品

| 1. EDTA-2Na | 2. $CaCO_3$ [註1] | 3. 移液管(25mL) |
|---|---|---|
| 4. $MgCl_2 \cdot 6H_2O$ | 5. $CaSO_4$ | 6. 燒杯(100 mL、250 mL) |
| 7. 緩衝溶液 [註2] | 8. NaCl | 9. 量筒(50 mL) |
| 10. 甲基紅指示劑 | 11. 漏斗 | 12. 滴定管(50mL) |
| 13. EBT 指示劑 [註3] | 14. 濾紙 | 15. 錐型瓶(250 mL) |

註 1. 鈣標準溶液：精稱 1.00 克純 $CaCO_3$，放入 500 mL 錐形瓶中，慢慢加入稀鹽酸(concHCl：$H_2O$=1：10)使其完全溶解，加入 200 mL 蒸餾水，煮沸以除去 $CO_2$，冷卻後加入甲基紅指示劑，滴入稀氨水(concNH₃：$H_2O$=1：10)至變色（紅→黃），將全部溶液移入 1000 mL 定量瓶中，錐形瓶洗滌數次，洗液與溶液合併，再用水稀釋至標線，所得為 1 mL 內含 1.00 mg $CaCO_3$。

　　2. 緩衝溶液($NH_4OH + NH_4Cl$)：溶解 7 克的 $NH_4Cl$ 於 60 mL 的濃氨水中，再稀釋定量成 100 mL。

　　3. EBT 指示劑：取 0.50 克 EBT 粉末加 100 克 NaCl 製成乾燥混合物。

## 四、實驗步驟

### （一）硬水的配製

1. 暫時硬水：取 0.25 克的碳酸鈣加稀 HCl 溶於約 1 公升蒸餾水中，使其溶解。

2. 永久硬水：取 1.00 克的硫酸鈣加稀 HCl 溶於約 2.5 公升蒸餾水中，則為永久硬水。

### （二）0.01 M EDTA 標準溶液配製

取 0.989 克 EDTA-2Na 溶於 50 mL 蒸餾水中，再以蒸餾水稀釋置 250 mL 的定量瓶中。

### （三）EDTA 標準溶液的標定

1. 取 25.00 mL 的鈣標準溶液（兩份），置於 250 mL 錐形瓶中，加蒸餾水 25 mL 稀釋之。

2. 加 1~2 mL 緩衝溶液，及約 10 mg EBT 指示劑。

3. 將 EDTA 裝入滴定管中，記錄其刻度($V_1$ mL)。

4. 用 EDTA 標準溶液滴定，不斷地攪拌，直到溶液由紅色變為藍色，為其終點記錄其刻度($V_2$ mL)。

5. 求達終點 EDTA 用去體積 A =($V_2$−$V_1$) mL。

6. 由耗用 A mL 的 EDTA 溶液，依下式計算 0.01 M EDTA 的滴定濃度：1 mL 相當於 B 毫克的 $CaCO_3$（求二次平均值）。

$$B = \frac{25.00 \times 1.00}{A}$$

### （四）水硬度的測定

1. 取約 50 mL 檢定水（暫時硬水、永久硬水、家用水），放入 250 mL 錐形瓶中。

2. 加 1~2 mL 緩衝溶液，及約 10 mg EBT 指示劑。

3. 將 EDTA 裝入滴定管中，記錄其刻度($V_1$ mL)。

4. 用 EDTA 標準溶液滴定，不斷地攪拌，直到溶液由紅色變為藍色，為其終點記錄其刻度($V_2$ mL)。

5. 求達終點 EDTA 用去體積 V =($V_2$–$V_1$) mL。

6. 設檢定水樣體積 S(mL)，1 毫升 EDTA 標準液相當於 B (mg) $CaCO_3$，EDTA 的用量 V (mL)，則：

$$總硬度CaCO_3\ ppm = \frac{V \times B}{S} \times 1000\ ppm$$

7. 求二次平均值。

## （五）水暫時硬度的測定

## （甲）煮沸法

1. 取約 50 mL 檢定水（暫時硬水、永久硬水、家用水），放入 250 mL 錐形瓶中。

2. 加熱煮沸 10 分鐘，冷卻，加 1~2 mL 緩衝溶液，及 EBT 指示劑約 10 mg。

3. 將 EDTA 裝入滴定管中，記錄其刻度($V_1$ mL)。

4. 用 EDTA 標準溶液滴定，不斷地攪拌，直到溶液由紅色變為藍色，為其終點記錄其刻度($V_2$ mL)。

5. 求達終點 EDTA 用去體積 V =($V_2$–$V_1$) mL。

6. 設檢定水樣體積 S (mL)，1 mL EDTA 標準液相當於 B (mg) $CaCO_3$，EDTA 的用量 V (mL)，則：

$$永久硬度CaCO_3\ ppm = \frac{V \times B}{S} \times 1000\ ppm$$

⇒ 暫時硬度 = 總硬度 – 永久硬度

7. 求二次平均值。

（乙）沉澱法

1. 取約 50 mL 檢定水（暫時硬水、永久硬水、家用水），放入 250 mL 錐形瓶中。

2. 加入沉澱劑，過濾，加試劑水稀釋至 50 mL，加 1~2 mL 緩衝溶液，及 EBT 指示劑 10 mg。

3. 將 EDTA 裝入滴定管中，記錄其刻度($V_1$ mL)。

4. 用 EDTA 標準溶液滴定，不斷地攪拌，直到溶液由紅色變為藍色，為其終點記錄其刻度($V_2$ mL)。

5. 求達終點 EDTA 用去體積 V =($V_2$−$V_1$) mL。

6. 設檢定水樣體積 S (mL)，1 mL EDTA 標準液相當於 B (mg) $CaCO_3$ EDTA 的用量 V (mL)，則：

$$永久硬度CaCO_3\ ppm = \frac{V \times B}{S} \times 1000\ ppm$$

⇒ 暫時硬度＝總硬度−永久硬度

# 實驗 28｜水的硬度與軟化

結果報告　　　日期＿＿＿＿＿＿＿＿

| 班級 | | 組別 | |
|---|---|---|---|
| 姓名 | | 學號 | |

## 五、實驗數據記錄

### （一）硬水的配製

1. 暫時硬水：取 $CaCO_3$ 重＿＿＿＿＿＿g，稀釋體積＿＿＿＿＿＿＿mL。

2. 永久硬水：取 $CaSO_4$ 重＿＿＿＿＿g，稀釋體積＿＿＿＿＿＿mL。

### （二）0.01 M EDTA-2Na 標準溶液配製

取 EDTA-2Na 重＿＿＿＿＿g，稀釋體積＿＿＿＿＿＿mL，

EDTA 標準溶液濃度＿＿＿＿ M。

計算式：

### （三）E.D.T.A.標準溶液的標定

| | 試樣 1 | 試樣 2 |
|---|---|---|
| 鈣標準溶液的體積(mL)V | | |
| 滴定前 EDTA 刻度(mL)$V_1$ | | |
| 滴定後 EDTA 刻度(mL)$V_2$ | | |
| EDTA 耗去體積(mL) A= $V_2-V_1$ | | |
| 鈣標準溶液的滴定濃度 | 1.00 mg $CaCO_3$ /mL | |
| EDTA 的滴定濃度(mg/mL)B | | |
| EDTA 的平均滴定濃度(mg/mL)B | | |
| 公式 | B = (V×1.00)/A | |

計算式：

## （四）總硬度的測定（暫時硬水、永久硬水、家用水）

| | 暫時硬水 | | 永久硬水 | | 家用水 | |
|---|---|---|---|---|---|---|
| 水樣的體積(mL)S | | | | | | |
| 滴定前 EDTA 刻度(mL)$V_1$ | | | | | | |
| 滴定後 EDTA 刻度(mL)$V_2$ | | | | | | |
| EDTA 耗去體積(mL) $V= V_2-V_1$ | | | | | | |
| EDTA 的滴定濃度 B | mg $CaCO_3$ /mL | | | | | |
| 水樣的總硬度 ppm | | | | | | |
| 水樣的平均硬度 ppm | | | | | | |

計算式：

## （五）水暫時硬度的測定（暫時硬水、永久硬水、家用水）

（甲）煮沸法

| | 暫時硬水 | | 永久硬水 | | 家用水 | |
|---|---|---|---|---|---|---|
| 煮沸後水樣的體積(mL)S | | | | | | |
| 滴定前 EDTA 刻度(mL)$V_1$ | | | | | | |
| 滴定後 EDTA 刻度(mL)$V_2$ | | | | | | |
| EDTA 耗去體積(mL) $V= V_2-V_1$ | | | | | | |
| EDTA 的滴定濃度(mg/mL)B | mg $CaCO_3$ /mL | | | | | |
| 水樣的永久硬度 ppm | | | | | | |
| 水樣的平均永久硬度 ppm | | | | | | |
| 暫時硬度 ppm | 總硬度 － 永久硬度 | | | | | |
| 暫時硬度 ppm | | | | | | |

計算式：

（乙）沉澱法

| | 暫時硬水 | | 永久硬水 | | 家用水 | |
|---|---|---|---|---|---|---|
| 軟化後水樣的體積(mL)S | | | | | | |
| 滴定前 EDTA 刻度(mL)$V_1$ | | | | | | |
| 滴定後 EDTA 刻度(mL)$V_2$ | | | | | | |
| EDTA 耗去體積 (mL) V= $V_2-V_1$ | | | | | | |
| EDTA 的滴定濃度(mg/mL)B | mg $CaCO_3$ /mL | | | | | |
| 水樣的永久硬度 ppm | | | | | | |
| 水樣的平均永久硬度 ppm | | | | | | |
| 暫時硬度 ppm | 總硬度 － 永久硬度 | | | | | |
| 暫時硬度 ppm | | | | | | |

計算式：

 問題與討論

1. 何謂「硬水」？可分為哪幾類？

2. 何謂「硬度」，我國如何表示？

3. 試述硬水的軟化有哪幾種？

4. 本實驗何種軟化方法較佳？

## 實驗 29

# 濾紙色層分析法

Chemistry Experiment
Environmental Protection

## 一、目的

（一） 認識濾紙色層分析的方法及原理。

（二） 利用濾紙色層分析法分離已知化合物並計算 $R_f$ 值。

## 二、原理

　　色層分析(chromatography)是一種敏感度高的分離技術，能使混合物中的各溶質受溶劑移動的影響，在通過多孔性的介質時會有不同的移動速率而達到分離的效果。層析法最早期以綠色植物的抽取物為樣本，將其點在濾紙的中心點，再以溶劑展開，當溶劑擴散時，其所含的各種色素漸漸被分離開來而形成一圈圈的色素帶，此為最早的層析圖。層析法可分為氣相層析法(gas chromatography)、液相層析法(liquid chromatography)、管柱層析法(column chromatography)、薄層層析法(thin-layer chromatography)及濾紙色層層析法(paper chromatography)等幾種。

　　濾紙色層分析法是利用吸附作用(adsorption)使分子在固定相與移動相之間移動，通常包含兩種不能完全互溶的溶劑，其中一種為水，另一種為有機溶劑，因為濾紙含有 20~30%的水分，當溶劑在紙上擴散時，水層附著在濾紙上，水稱為固定相；有機溶劑可在濾紙上移動稱為流動相。

　　溶質在兩種不同溶劑的溶解度不同，在此兩種溶劑內的濃度比例，稱為分配係數，不同溶質在濾紙上隨溶劑移動，由於分配係數不同，而停滯在不同的位置。

$$分配係數 = \frac{溶質對有機溶劑的溶解度}{溶質對有水的溶解度}$$

一般影響溶質在濾紙上移動速率的因素有下列幾種因素：

（一） 溶質的分子量：分子量小者移動較快。

（二） 溶質的極性：極性大的化合物，對水的親和力大，因此移動速率較慢。

（三） 溶質的電荷：溶質的電荷會受到溶液的 pH 值影響。

濾紙色層分析法，含有混合物的那點稱為原點，各成分在濾紙上的位置稱為色點，有機溶劑上升的最前端稱為液前，由原點至液前間的距離 L 代表展開溶劑移動的距離。由原點至色點中心距離 D 代表物質移動的距離，將某物質移動的距離除以溶劑移動的距離稱為該物質的 $R_f$ 值。

$$R_f = \frac{溶質移動的距離}{溶劑移動的距離} = \frac{D}{L}$$

若某溶質的 $R_f = 1$，則表示該溶質對水沒有親和力，而對有機溶劑的親和力比較大，因此該溶質位於溶劑前端線上。若 $R_f = 0$，則反是，因此該溶質色點在原點上不動。如果在同一條件下，若兩物質的 $R_f$ 相同，則表示可能為同一物質，而若 $R_f$ 不同，則必非同一物質。

$R_f$ 可做為辨認物質的參考。一般 $R_f$ 均小於 1，兩者的 $R_f$ 相差越大，越容易分離，一般 $R_f$ 相差 0.1 以上者，可用此法分離。

## 三、儀器與藥品

| 1. 直徑濾紙 7cm | 2. 鉛筆 | 3. 茜素黃 |
|---|---|---|
| 4. 剪刀 | 5. 濾紙條(15×6 cm)　3 張 | 6. 氯化鐵 |
| 7. 尺 | 8. 錐形瓶(125 mL) +橡皮塞 3 組 | 9. 硫酸銅 |
| 10. 燒杯(100 mL) | 11. 丙酮 | 12. 剛果紅 |
| 13. 燒杯(500 mL) | 14. 濃 HCl | 15. 吹風機 |

# 四、實驗步驟

1. 取長約 15 公分，寬約 6 公分的濾紙條一張，在底部約 1 公分處用鉛筆劃一橫線（不可用原子筆或鋼筆，且濾紙中央不要碰觸）。

2. 取 500 mL 的燒杯，倒入 20 mL 丙酮、4 mL 濃鹽酸及 2 mL 蒸餾水，此溶劑當作展開液（燒杯用保鮮膜蓋住，使燒杯中的大氣壓與溶劑的蒸氣壓達到飽和，可得到較佳的蒸氣效果）。

3. 以毛細管將茜素黃、氯化鐵、硫酸銅及剛果紅四種溶液點在起始線上，每隔 3 公分點上一種溶液（每種溶液用一隻毛細管，每一種溶液至少點三次）。

4. 點上樣品後，待其乾燥（可以用吹風機加速乾燥），將濾紙捲成柱狀，底部勿重疊，以訂書機固定，小心將濾紙放入燒杯中，起始線要在溶劑上方。燒杯用保鮮膜蓋住並靜置，千萬不可任意移動燒杯，當溶劑上升離起始線 5 公分高時，迅速拿出濾紙，在溶劑到達處用鉛筆作記號。

5. 解開訂書針，將濾紙吹乾，用尺量出每一個色點移動的距離及溶劑的距離，最大、最小的距離都要量，並記錄下來，計算 $R_f$ 值。

# 實驗 29｜濾紙色層分析法　　結果報告　　日期＿＿＿＿＿＿

| 班級 | | 組別 | |
|---|---|---|---|
| 姓名 | | 學號 | |

## 五、實驗數據記錄

| | 距離 cm | 顏色 | $R_f$ |
|---|---|---|---|
| 展開液移動的距離 | | | |
| 茜素黃移動的距離 | | | |
| 氯化鐵移動的距離 | | | |
| 硫酸銅移動的距離 | | | |
| 剛果紅移動的距離 | | | |

### 問題與討論

1. 濾紙色層分析法時為何不可使用原子筆或鋼筆？

2. 用保鮮膜覆蓋燒杯有何作用？

3. 本實驗中何者化合物 $R_f$ 最大？其中 $R_f$ 值大小所代表意義為何？

**實驗 30**

# 化學鍵結與分子幾何

Chemistry Experiment
Environmental Protection

## 一、目的

（一）由價層電子對排斥理論及混成軌域觀念瞭解鍵結與分子的幾何形狀。

（二）藉由分子模型的操作，瞭解分子化合物在立體空間的幾何概念。

## 二、原理

### （一）八隅體、鍵結與路易士結構

　　週期表中的 A 族（典型）元素，透過最外層價電子(Valance electron)轉移或共用以形成擁有 8 個最外層電子的八隅體(octet)方式完成鍵結，即是最外層電子組態達到與鈍氣元素相同的 $s^2p^6$，此一特性稱為八隅律(octet rule)。A 族元素鍵結形成八隅體的方法有下列三種：

1. 金屬元素原子失去電子形成陽離子(cation)，陽離子的最外層電子組態與其前一週期之鈍氣元素相同。如 $Na^+$ 與 Ne 相同。

2. 非金屬元素原子獲得電子形成陰離子(anion)，陰離子的最外層電子組態與其同一週期之鈍氣元素相同。如 $F^-$ 與 Ne 相同。

3. 鍵結元素以共用價電子方式，使最外層電子組態與同週期之鈍氣元素相同。如 $NCl_3$ 中 N 原子最外層電子組態與 Ne 相同，而 $Cl^-$ 與 Ar 相同。

　　1 與 2 項正好互補形成離子鍵(ionic bond)，而 3 項則形成共價鍵(covalent bond)。依據八隅律所決定的化合物結構稱為路易士結構(Lewis structure)，其書寫規則如下：

1. 對於離子化合物，分別以正負價數標示陰陽或離子團(ion group)。

2. 對於共價分子或分子離子，通常價電子數目較多且陰電性較小者為中心原子，其他原子則盡量以對稱方式排列在中心原子周圍，接著相鄰原子則以符號「－」相連（－代表鍵結，即一對共用電子對）。

3. 將所有原子的價電子（即最外層電子）數與所帶電荷數相加後減去鍵結共用電子對，餘電子以八隅律分配到各原子中 H 只要 2 個電子，B、Al 等只要 6 個電子，而從第三週期開始具有空 d 軌域元素者可能超過 8 個電子，則與相鄰原子共用一對電子形成雙鍵，但不可為滿足八隅體而任意增減電子數目。

4. 以 6N+2 減去價電子總數法則判別是法具有多重共價鍵(multiple covalent bonds)，N 為氫以外的元素總數，每少 2 個電子，則分子有一雙鍵結構（亦可能為環狀結構）。如 $C_2H_2$ 其價電子總數為 $4 \times 2 + 2 \times 1 = 10$，$6N + 2 = 6(2) + 2 = 14$，故少了 4 個電子，C 與 C 間為三鍵。 $H - C \equiv C - H$

    $F_2$　$6(2)+2=14$　電子數　$7 \times 2 = 14$　單鍵。

$$:\overset{\cdot\cdot}{\underset{\cdot\cdot}{F}}\text{———}\overset{\cdot\cdot}{\underset{\cdot\cdot}{F}}:$$

    $O_2$　$6(2)+2=14$　電子數　$6 \times 2 = 12$　雙鍵，少了 2 個電子。

$$\overset{\cdot\cdot}{O}\text{===}\overset{\cdot\cdot}{O}$$

    $N_2$　$6(2)+2=14$　電子數　$5 \times 2 = 10$　參鍵，少了 4 個電子。

$$:N\text{≡≡≡}N:$$

## （二）價層電子對排斥理論

    決定共價結合分子的幾何形狀最重要的因素是鍵結原子的價層電子對的數目。價層電子對排斥理論（valence shell electron pair repulsion theory，簡稱 VSEPR 理論），便是基於價層電子對之間斥力的關係來預測分子幾何形狀的理論。

### 1. 中心原子無未共用電子對的分子

    考慮一個 $AB_n$ 分子，其中 A 是中心原子，無未共用的電子對，即是沒有未鍵結電子。當 n = 2 至 n = 6 時，為了使 A 原子上電子對的排斥力最小，分子最理想的排列依次是直線形、三角形、四面體、三角雙角錐形以及八面體形。

## 2. 有未共用電子對在中心原子的分子

　　中心原子 A 有未共用電子對時，化合物的幾何形狀隨之改變。當 A 原子上有一對或多對的未共用電子時，部分空間將被此等未鍵結電子占據，並引起鍵角的變化。表 30-1 顯示 $AB_nE_m$ 分子（E 代表未共用電子對）的幾何形狀結構變化。對於中心原子上所有的價電子都參與鍵結的 $AB_n$ 類型的分子而言，B-A-B 的所以鍵角都是非常接近理論值的，例如 $AB_4$ 類型的 $CH_4$ 分子其形狀為四面體，兩個 H 原子與 C 原子的鍵角為理論上的 $109.47°$，但對其中一個鍵被未鍵結電子對所代替的 $AB_3E$ 類型分子，形狀轉變為三角錐形更由於未共用電子對只被一個 A 原子核吸引，並非 A、B 兩個原子核所共同吸引，因此其電子密度較低，相對地占有較大空間，是故在 A 原子上的未共用電子對會擠壓共價 A-B 鍵，造成 B-A-B 鍵角會小於理想狀況。例如 $AB_3E$ 類型的 $NH_3$ 分子中，因 N 擁有一未共用電子對，其鍵角縮小為 $106.67°$。更甚者，$AB_2E_2$ 類型的 $H_2O$，因 O 具有兩對未共用電子對，受擠壓程度更明顯鍵角只有 $104.45°$。

　　使用 VSEPR 理論預測分子幾何形狀，須先以化合物的路易士結構判斷未共用電子對的數目，再使用表 30-1 便可順利預測該分子的形狀。例如預測 $PF_5$ 的幾何形狀：首先路易士結構顯示磷原子上沒有未共用電子對，因磷是第 $V_A$ 族的第三週期元素，它有五個價電子$(3s^2sp^3)$，再者，磷擁有 3d 空軌域鍵結電子可占據空的 d 軌域，所以磷可以容納比 8 個更多的電子。因此，$PF_5$ 為 $AB_5$ 型的分子，其形狀為三角雙角錐。

　　VSEPR 理論也可應用到離子。例如 $SO_4^{-2}$ 的路易士結構顯示中心硫原子上沒有未共用電子對，因此這個 $AB_4$ 型離子的幾何結構為四面體形。要注意的是，當過渡金屬原子之 d 或 f 軌域也參加鍵結時，就可能出現其他的形狀結構。例如屬於 $AB_4$ 型離子$[PtCl_4]^{2-}$為平面四方形，五個原子均在同一平面，這些化合物的鍵結及幾何形狀不在此討論。

🔬 表 30-1　電子對分配與分子形狀的關係

| 分子 | 中心原子總電子對數 | 鍵結電子對數 | 未鍵結電子對數 | 分子型狀 | 範例 |
|---|---|---|---|---|---|
| $AB_2$ | 2 | 2 | 0 | 直線型 | $CO_2$ $BeCl_2$ |
| $AB_2E$ | 3 | 2 | 1 | 角型 | $SO_2$ $SnCl_2$ |
| $AB_2E_2$ | 4 | 2 | 2 | 角型 | $H_2O$ $SCl_2$ |
| $AB_2E_3$ | 5 | 2 | 3 | 直線型 | $I_3^-$ $ICl_2^-$ |
| $AB_3$ | 3 | 3 | 0 | 平面三角型 | $BF_3$ $SO_3$ |
| $AB_3E$ | 4 | 3 | 1 | 角錐型 | $NH_3$ $PF_3$ |
| $AB_3E_2$ | 5 | 3 | 2 | T 字型 | $ClF_3$ $BrF_3$ |
| $AB_4$ | 4 | 4 | 0 | 四面體 | $CH_4$ $SiCl_4$ |
| $AB_4E$ | 5 | 4 | 1 | 扭曲四面體 | $SF_4$ $IF_4^+$ |
| $AB_4E_2$ | 6 | 4 | 2 | 平面四方型 | $XeF_4$ $BrF_4^-$ |
| $AB_5$ | 5 | 5 | 0 | 雙角錐型 | $PF_5$ $SbF_5$ |
| $AB_5E$ | 6 | 5 | 1 | 四角錐 | $IF_5$ $BrF_5$ |
| $AB_6$ | 6 | 6 | 0 | 八面體 | $SF_6$ $PF_6^-$ |

## （三）混成軌域理論

　　價鍵理論(valence bond theory)解釋鍵的形成乃是由於原子軌域的重疊。重疊的部分越大則鍵的強度越強。原子軌域重疊形成鍵結的方式有兩種，一為 s–s， s–p，p–p 等軌域的[頭對頭]重疊形成圍繞核間軸的軌域，稱為σ鍵(sigma bond)，另一為 p–p，d–d，p–d 等軌域的[邊對邊]重疊產生不完全圍繞核間軸的軌域，稱為π鍵(pi bond)。π鍵強度較σ鍵弱，而且σ鍵產生後方可形成π鍵。

以原子軌域重疊來說明鍵結，無法解釋多原子分子的鍵長、鍵角以及分子幾何結構。例如在 $H_2O$ 中 O–H 鍵如果均由氫原子 1s 與 O 的 2p 軌域重疊產生，則其鍵角就與 p 軌域相同成為 90°，然而實際鍵角卻是接近四面體的角度；再如 $CH_4$ 中 C 具有 2s 與 2p 軌域，若與氫原子 1s 形成 C–H 鍵時，s–s、s–p 軌域重疊產生的鍵長、鍵角應不相同，但事實上四個 C–H 鍵的鍵長與鍵角均相同並產生對稱的四面體形。另一方面，原子軌域重疊也無法解釋鍵數多寡，如 C 原子的電子組態$(2s^2 2p^2)$中 2s 軌域已滿，理論上 C 應該只能由 2p 軌域產生兩個鍵結而非實際上的四個。當原子軌域導入混成(hybridization)的觀念便可以清楚解釋分子的鍵長、鍵角、鍵數以及幾何形狀。混成乃是一個單一原子將其軌域混合以產生一組新的軌域，稱為混成軌域。單一原子產生的混成軌域依然圍繞著原子核，所不同的是原本不同能階的外層電子在混成後形成具有相同的能，原先的電子能階的折衷，如 C 原子的 $2s^2 sp^2$ 四個外層電子軌域混成 4 個相同能階的 $sp^3$ 軌域，這使得 C 的可鍵結數由 2 個增為 4 個，也說明 $CH_4$ 中 4 個 C–H 鍵，因鍵長與鍵角均相同並而產生對稱的四面體形。電子對排斥與混成理論所得到關於分子幾何形狀的結論不但吻合，而且與實際觀察的分子幾何完全一致。

## （四）使用 VSEPR 理論的步驟

以 VSEPR 理論來建構分子模型的步驟如下：

1. 先畫出分子的路易士結構。

2. 計算中心原子的鍵結電子對及未鍵結電子對之總數。

3. 安排中心原子的電子對總數使成為最小斥力的方式（即把電子對盡可能地分離）。

4. 從電子對的分配來決定原子們的位置。

5. 從原子間的位置來命名其分子結構。

　　一般而言，在分子或離子內的電子對會以電子對的方式存在分子或離子內。又電子間具斥力，所以，分子或離子內圍繞中心原子之電子對應盡量遠離，使電子對與電子對之間的斥力降至最低。分子中的電子對分為未鍵結電子對(lone pair，簡稱 Lp)及鍵結電子對(bonding pair, Bp)二種：(1)未鍵結電子對：僅受一核影響，電子雲佔較大的空間；(2)鍵結電子對：二個原子核吸引電子雲，呈細長形。

　　電子對斥力大小：Lp－Lp 斥力>Bp－Lp 斥力>Bp－Bp 斥力

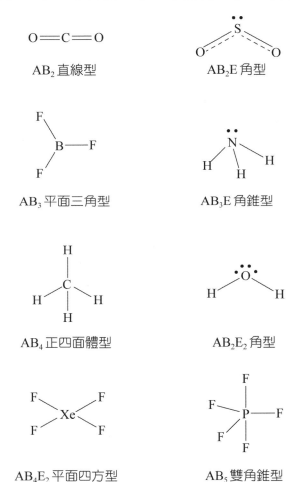

AB$_4$E 扭曲四面體型

AB$_2$E$_2$ T字型

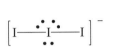

AB$_2$E$_3$ 直線型

AB$_6$ 正八面型

## 三、儀器與藥品

分子模型一盒。

## 四、實驗步驟

1. 寫出下列 AB$_n$ 化合物的路易士結構，並以 VSEPR 或混成軌域理論以分子模型建構其幾何形狀。(A)$MgBr_2$；(B)$BF_3$；(C)$CH_4$；(D)$PCl_5$；(E)$SF_6$。

2. 寫出下列 AB$_n$E$_m$ 化合物的路易士結構，並以 VSEPR 或混成軌域理論以分子模型建構其幾何形狀。(A)AB$_2$E：$SnCl_2$；(B)AB$_2$E$_2$：$H_2O$；(C)AB$_2$E$_3$：$I_3^-$；(D)AB$_3$E：$NH_3$；(E)AB$_3$E$_2$：$BrF_3$；(F)AB$_4$E：$SF_4$；(G)AB$_4$E$_2$：$ICl_4^-$；(H)AB$_5$E：$BrF_5$。

3. 寫出下列具多重鍵化合物的路易士結構，並以 VSEPR 或混成軌域理論以分子模型建構其幾何形狀。(A)$CO_2$；(B)$NO_3^-$；(C)$HCN$；(D)$C_3H_6$。

4. 以 VSEPR 或混成軌域理論以分子模型建構其幾何形狀。(A)$C_2H_2$；(B)$CH_4$；(C)$C_2H_4$；(D)$C_6H_6$；(E)$H_2O$；(F)$CS_2$。

# 實驗 30 ｜ 化學鍵結與分子幾何

結果報告　　日期＿＿＿＿＿＿

| 班級 | | 組別 | |
|---|---|---|---|
| 姓名 | | 學號 | |

## 五、實驗數據記錄

| 化學式 | 中文名稱 | 路易士結構 | 幾何形狀 |
|---|---|---|---|
| 1.<br>(A) | | | |
| (B) | | | |
| (C) | | | |
| (D) | | | |
| (E) | | | |
| 2.<br>(A) | | | |
| (B) | | | |
| (C) | | | |
| (D) | | | |
| (E) | | | |
| (F) | | | |

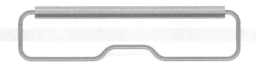

| 化學式 | 中文名稱 | 路易士結構 | 幾何形狀 |
|---|---|---|---|
| (G) | | | |
| (H) | | | |
| 3.<br>(A) | | | |
| (B) | | | |
| (C) | | | |
| (D) | | | |
| 4.<br>(A) | | | |
| (B) | | | |
| (C) | | | |
| (D) | | | |
| (E) | | | |
| (F) | | | |

**問題與討論**

1. 請簡單說明 VSEPR 理論？

2. 試述何謂為混成軌域？

3. 請繪出下列各化合物的路易士結構。
   (A)$SCN^-$；(B)$CO_3^{-2}$； (C)$O_3$；(D)$COCl_2$

UNIT

# 有趣的化學實驗

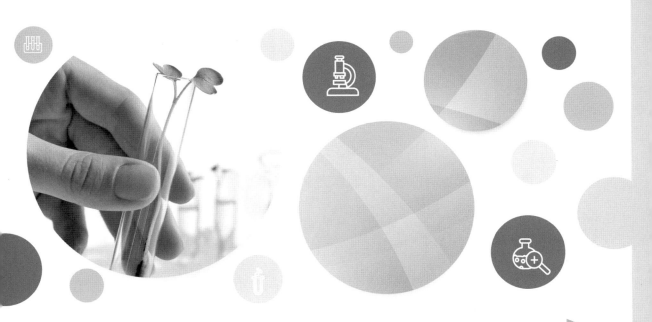

**CHEMISTRY EXPERIMENT**
ENVIRONMENTAL PROTECTION

▶ 有趣的化學實驗 1

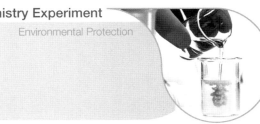

# 草酸解毒丹

## 一、前言

　　此實驗教師可自行構思一個主題，增加「笑」果。例如：我是一位賣膏藥的高手，我賣的是專門解毒的祕方，尤其是蛇毒我最內行了！看我今天怎麼表演「如何解各位客倌所中過的蛇毒」，不管您中的是什麼毒，我皆有辦法解。看清楚，我現在準備好四個燒杯，我把第一個燒杯倒入第二個燒杯，各位客倌的血就是現在這個樣子，這是各位客倌尚未中毒的血，而現在我再把它倒進第三個燒杯，原本鮮紅的血呈現黑色汙濁的樣子，客倌您看中毒多深啊！但自從有我這獨門解毒祕方之後，您所中的毒一定在瞬間化解，不信我現在把它倒入第四個燒杯（解毒祕方），請各位客倌仔細瞧瞧發生啥事了？準備四個杯子，依序倒入不同的杯子，則顏色會由原來的淡黃色，轉變為紅色、黑色，最後又恢復原色了！

　　從第一個燒杯倒到第四個燒杯，依序的主要反應式如下：氯化鐵水溶液為淡黃色，硫氰化鉀透明無色，兩者反應呈血紅色錯離子！

$$Fe^{3+}_{(aq)} + SCN^-_{(aq)} \rightarrow FeSCN^{2+}_{(aq)}$$
（紅色）

單寧酸溶液為黃色與氯化鐵水溶液反應呈黑色！

$$Fe^{3+}_{(aq)} + tannic\ acid_{(aq)} \rightarrow Fe(III)\text{-}tannate_{(aq)}$$
（黑色）

草酸溶液為透明無色與 Fe(III)-tannate$_{(aq)}$ 溶液反應呈淡黃色！

$$2\ Fe^{3+}_{(aq)} + 3\ C_2O_4^{2-}_{(aq)} \rightarrow Fe_2(C_2O_4)_{3(aq)}$$
（黃色）

## 二、藥品與器材

| 1. | 500 mL 燒杯四個。 |
|---|---|
| 2. | 煮好的烏龍茶液（或超商瓶裝烏龍茶亦可）。 |
| 3. | 飽和草酸溶液：取約 20 克的草酸($H_2C_2O_4$)溶於 100 mL 的蒸餾水中。 |
| 4. | 氯化鐵溶液的配製：取約 30 克的氯化鐵($FeCl_3 \cdot 6H_2O$)溶於 100 mL 的蒸餾水中。 |
| 5. | 硫氰化鉀溶液的配製：取約 20 克的硫氰化鉀(KSCN)溶於 100 mL 的蒸餾水中。 |

## 三、實驗步驟

1. 先準備四個燒杯，分別在不同的燒杯裡加入不同的試液。如表 1-1 所示。

表 1-1　各杯溶液的配備

| 杯　號 | 試　　劑 |
|---|---|
| 1 | 30 mL 蒸餾水＋ 5 dr $FeCl_3$ |
| 2 | 3 dr KSCN |
| 3 | 5 mL 烏龍茶液 |
| 4 | 10 mL $H_2C_2O_4$ 溶液 |

2. 第一個燒杯：30 mL 的蒸餾水和 5 滴氯化鐵溶液。第二個燒杯：3 滴硫氰化鉀溶液。第三個燒杯：5 mL 已煮好的濃烏龍茶液。第四個燒杯：10 mL 的飽和草酸溶液。

3. 依序從第一個燒杯倒到第四個燒杯，觀察各溶液顏色的變化。

## 四、教學提示

1. 此實驗所配製之溶液，若用瓶蓋蓋緊，則可使用很長的時間。

2. 教師可視情況自行改變此四個燒杯裡溶液的量，調整到你得到最佳的顏色。

3. 實驗室缺乏單寧酸，可以使用約 10 克的烏龍茶葉加上 100 mL 的蒸餾水去煮沸，而得到單寧酸溶液，由於是經由茶葉而得到的，所以溶液顏色較偏向黃色。或在超商買現成的瓶裝烏龍茶或綠茶飲料亦可。

4. 單寧酸(tannic acid)的分子式為 $C_{76}H_{52}O_{46}$。

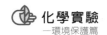

▶ 有趣的化學實驗 2

Chemistry Experiment
Environmental Protection

# 清水→紅酒→牛奶→啤酒

## 一、原理

　　所謂緩衝劑(buffer)是一種弱酸（或弱鹼）與共軛鹽類的混合液。溶液的 pH 值不因加入少量的強酸或強鹼而改變。至於緩衝劑是如何維持 pH 恆定，如何控制 $H^+$ 與 $OH^-$ 離子的濃度？假設一個弱酸的緩衝溶液($HA+A^-$)，若加入 $H^+$(HCl)，則緩衝液中 $A^-$ 會和 $H^+$(HCl)反應變成 HA，抵消外來的酸。酚酞的變色範圍為 pH=8.5～10.5，則控制緩衝溶液的 pH 值在 10.5 左右，碳酸鈉加碳酸氫鈉形成緩衝溶液，必須控制 pH=10.5，酚酞才能呈現粉紅色，而碳酸鈉加氯化鈣則產生碳酸鈣白色混濁，碳酸鈣加稀鹽酸則產生 $CO_2$ 氣體。利用這些化學反應特性，設計了清水→紅酒→牛奶→啤酒的有趣實驗，先將裝有緩衝溶液的清水杯倒入加有酚酞的高腳杯中，會呈粉紅色的溶液（紅酒），再將其溶液倒入裝有氯化鈣溶液的水杯中，則呈白色混濁的牛奶溶液，再將其溶液倒入裝有（2MHCl＋溴瑞香草酚藍＋甲基橙）的啤酒杯中，則產生黃色氣泡溶液，如同啤酒。本實驗可讓同學瞭解酸鹼反應，利用指示劑呈色、沉澱反應及緩衝溶液的特性，讓學生在遊戲中學習化學。

## 二、藥品與器材

1. $Na_2CO_3$ 固體：適量。

2. $NaHCO_3$ 固體：適量。

3. 酚酞指示劑：取 1.0 克酚酞粉末溶於 100mL 95%酒精溶液中。

4. $CaCl_2$ 固體：適量。

5. 2M HCl：適量。

6. 溴瑞香草酚藍指示劑：0.10 克溴瑞香草酚藍粉末溶 100mL 20%的乙醇。

7. 甲基橙指示劑：取 0.10 克甲基橙粉末溶於 100mL 水中。

8. 玻璃水杯：2 個。

9. 高腳杯：1 個。

10. 啤酒杯：1 個。

# 三、實驗步驟

1. 取透明水杯，調製碳酸鈉＋碳酸氫鈉(pH~10.5)的澄清透明緩衝溶液約 100mL（清水）。

2. 將水杯溶液緩緩倒入裝有酚酞指示劑的高腳杯中，清水變成粉紅色溶液（紅酒）。

3. 再將高腳杯中溶液倒入裝有 $CaCl_2$ 溶液的水杯中，變成白色混濁溶液（牛奶）。

4. 將白色溶液倒入第四杯啤酒杯中，呈現黃色氣泡溶液（啤酒）（如圖 1）。

🔬 表 2-1　容器溶液的配置

| 容器 | 溶液 | 體積 |
|------|------|------|
| 玻璃杯 | $Na_2CO_3$＋$NaHCO_3$ 水溶液 | 100mL |
| 高腳杯 | 酚酞 | 數滴 |
| 牛奶杯 | $CaCl_2$ 溶液 or$BaCl_2$ 溶液 | 10mL |
| 啤酒杯 | 2M HCl＋溴瑞香草酚藍＋甲基橙 | 10mL＋數滴指示劑 |

# 四、教學提示

1. $Na_2CO_3$＋$NaHCO_3$ 緩衝溶液配置：

$$HCO_3^- + H_2O \rightleftharpoons CO_3^{-2} + H_3O^+ \qquad K_a = 4.7 \times 10^{-11}$$

$$pH = pK_a + \log\left(\frac{[共軛鹼]}{[酸]}\right)$$

$$10.5 = 10.33 + \log\left(\frac{[共軛鹼]}{[酸]}\right)$$

$$0.17 = \log\left(\frac{[共軛鹼]}{[酸]}\right) \qquad 10^{0.17} = 1.47 = \frac{[共軛鹼]}{[酸]}$$

$$\frac{[共軛鹼]}{[酸]} = \frac{mol\ Na_2CO_3}{mol\ NaHCO_3} = 1.47 = \frac{106}{84}$$

$$Wt\ Na_2CO_3 \ ： \ Wt\ NaHCO_3 = 124 \ ： \ 106 = 1.17 \ ： \ 1$$

2. 加入 HCl 溶液濃度不宜過低，否則不容易產生氣泡；亦不宜太濃，易發生危險，研究結果 2M HCl 的溶液最適宜。

3. 產生白色混濁溶液可選擇 $CaCl_2$ 或 $BaCl_2$ 溶液，較容易產生牛奶狀態。

4. 本實驗所使用藥品均不可食用，實驗後回收置廢液桶，統一處理。

| | | | |
|---|---|---|---|
| $Na_2CO_3$+NaHCO$_3$ | 酚酞指示劑 | Ca$_2$Cl$_2$ 溶液 | 2M HCl＋指示劑 |

🌡 圖 1　清水→紅酒→牛奶→啤酒

有趣的化學實驗 3

Chemistry Experiment
Environmental Protection

# 七彩霓虹(Acid-Base Rainbow)

## 一、前言

　　在臺灣我們容易見到下雨過後產生美麗的彩虹，在這個實驗中我們要製造一個類比的彩虹一「七彩霓虹(Acid-Base Rainbow)」！利用三種不同的酸鹼指示劑，再配置不同的比例的混合指示劑，分別滴入鹼性溶液中產生有顏色變化的化學反應，讓我們能夠清楚地觀察「七彩霓虹」。

## 二、藥品與器材

1. 大燒杯（容量 300 mL）8 個。

2. 稀硫酸($0.05$ M $H_2SO_4$) 800 mL。

3. 小燒杯（容量 100 mL）2 個。

4. 氫氧化鈉溶液($0.012$ M NaOH) 1,000 mL。

5. 酚酞指示劑(phenolphthalein)：1%酒精溶液。

6. 百里酚酞指示劑(Thymolphthalein)：1%酒精溶液。

7. 對－硝基苯酚指示劑(4-Nitrophenol)：0.25 克對-硝基酚溶於 100mL 水。

8. 塑膠滴管 3 支。

## 三、實驗步驟

1. 取 300 mL 燒杯 7 個（依序排列在實驗桌上）。

2. 依續滴入指示劑（如表 3-1）。

3. 每個燒杯依序加入 20 mL 的蒸餾水。

4. 將七個燒杯依序加入 100 mL 的 $0.012$ N NaOH 溶液。

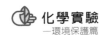

🔬 表 3-1　各燒杯中加入指示劑量

| 燒杯號碼 | 加入試劑 | 滴數 |
|---|---|---|
| 1 | 酚酞 → 紅色 | 10 |
| 2 | 酚酞 + 對-硝基苯酚 → 橙(橘)色 | 5 + 10 |
| 3 | 對硝基苯酚 →黃色 | 10 |
| 4 | 對－硝基苯酚 +百里酚酞 → 綠色 | 5 + 10 |
| 5 | 百里酚酞 → 藍色 | 10 |
| 6 | 百里酚酞 + 酚酞 → 靛色 | 10 + 5 |
| 7 | 百里酚酞+ 酚酞 → 紫色 | 5 + 10 |

5. 呈現七彩霓虹（圖 2）（紅－橙－黃－綠－藍－靛－紫）。

6. 依序滴入 0.05 M 的 $H_2SO_4$ 溶液 5 滴，攪拌呈無色。

7. 七個燒杯依序再加入 100 mL 的 0.012 M NaOH 溶液。

8. 又呈現七彩霓虹（紅－橙－黃－綠－藍－靛－紫）。

9. 最後將七個燒杯分別倒入裝有 0.05 M 的 $H_2SO_4$ 溶液的大燒杯中，中和呈無色。

10. 紅色+橙色+黃色+綠色+藍色+靛色+紫色 ＝ 白色（太陽光）。

## 四、教學提示

1. 此實驗所配製之溶液，若用瓶蓋蓋緊，則可使用很長的時間。

2. 教師可視情況自行改變此 7 個燒杯裡指示劑的量，調整到最佳的顏色。

3. 實驗室若缺乏指示劑，可以使用酚酞、甲基紅及溴瑞香草酚藍代替，亦有如此效果。

4. 酚酞→紅色；紅色加黃色可調成橙色；對硝基苯酚→黃色；藍色加黃色可調成綠色；百里酚酞→藍色；藍色加紅色可調成靛色；紅色加藍色可調成紫色。

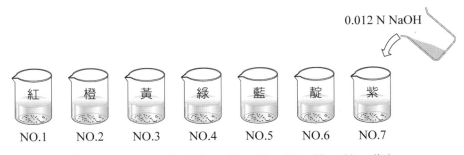

🔬 圖 2　七彩霓虹（紅－橙－黃－綠－藍－靛－紫）

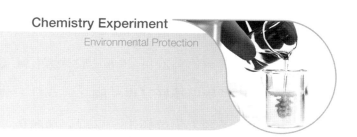

有趣的化學實驗 4

# 神奇的五個杯子

Chemistry Experiment
Environmental Protection

## 一、前言

各種指示劑在不同 pH 值下的顏色（如表 4-1 所示）：

### 表 4-1 指示劑的顯色

| 指示劑 | 酸性 | 中性 | 鹼性 |
|---|---|---|---|
| 酚酞 | 無 | 無 | 粉紅 |
| 溴瑞香草酚藍 | 黃 | 綠 | 藍 |

利用各酸鹼值，呈現不同顏色，讓學生感觸其神奇的效果！

## 二、藥品與器材

### 表 4-2 各杯溶液的配備

| 杯　號 | 試　　劑 | 滴　數 | 備　　　　　　　　　　　　　　　　　　　　　　　註 |
|---|---|---|---|
| 1 | NaOH | 1 | 1. NaOH 與 HCl 均為 3.0 M 的水溶液。 |
| 2 | HCl | 2 | 2. BTB 是 1%的溴瑞香草酚藍溶液。 |
| 3 | BTB | 3 | 3. PP 是 1%的酚酞溶液。 |
| 4 | NaOH | 4 | 4. 每滴體積相等，均為 0.10 mL。 |
| 5 | PP | 5 | |

## 三、實驗步驟

1. 在五個 100mL 的燒杯中，依表 4-2 所示，分別滴入試劑。

2. 在各杯內滴入試劑後，倒 80 mL 的蒸餾水於 5 號杯，得無色溶液。

3. 將 5 號杯的無色溶液，全部倒入 1 號杯，則溶液立即呈現粉紅色。

4. 將 1 號杯的粉紅色溶液倒 60 mL 於 2 號杯，結果溶液褪為無色。

5. 將 2 號杯的無色溶液 60 mL 全部倒入 3 號杯，結果溶液變為黃色。

6. 將 3 號杯的黃色溶液倒 20 mL 於 4 號杯，結果溶液變為紫色。

7. 將五個杯子依序排好呈現（圖 3）⇒ 紅－無－黃－紫－藍等五種顏色。

8. 將五個杯子倒入大燒杯中，呈現何種顏色？

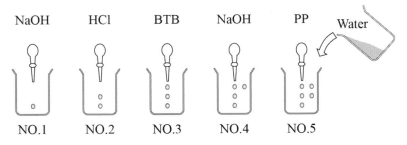

▲ 圖 3　各杯溶液的配備

有趣的化學實驗 5

Chemistry Experiment
Environmental Protection

# 紅綠燈——
# 氧化還原指示劑的變色反應

## 一、前言

反應之初溶液呈現綠色。靜置一段時間後，溶液由綠色慢慢轉變為紅色，最後變為淡黃色。若輕輕地搖晃，溶液的顏色由淡黃色轉變為紅色。若劇烈地搖晃後，溶液的顏色則由紅色變回初始的綠色。此實驗的反應式為：

(反應式)

(oxidative state, green)

(reductive state, pale yellow)

在靜置一段時間後，氧化態的指示劑（綠色的靛胭脂）被葡萄糖(D-glucose)還原成為還原態（淡黃色的靛胭脂）。當輕輕地搖晃錐形瓶時，還原態的指示劑（淡黃色的靛胭脂）被空氣中的氧氣氧化，但是由於參與反應的氧氣還不足以使指示劑形成氧化態，此時僅形成紅色的中間產物(intermediate)而已，因此溶液的顏色由淡黃色轉變成紅色。若劇烈地搖晃錐形瓶，指示劑被空氣中更多的氧氣氧化，足以使還原態的指示劑（淡黃色的靛胭脂）形成氧化態，溶液的顏色則由紅色變回初始的綠色。在靜置一段時間後，指示劑會被葡萄糖還原成為還原態，此時可以發現溶液由綠色慢慢轉變為紅色，最後變為淡黃色。

## 二、藥品與器材

1. 溶液 A：取 5 克的氫氧化鈉(NaOH)與 3 克的葡萄糖($C_6H_{12}O_6$)溶於 250 mL 的蒸餾水中。

2. 靛胭脂指示劑溶液 (Indigo carmine indicator solution)：取 1 克的靛胭脂($C_{16}H_{10}N_2O_8S_2$)，溶於 100 mL 的蒸餾水中，配製成為約 1%的溶液。

3. 250 mL 的錐形瓶一個。

4. 250 mL 的定量瓶一個。

5. 100 mL 的量筒一個。

6. 10 mL 的量筒一個。

## 三、實驗步驟

1. 取 50 mL 的溶液 A 放入 250 mL 的定量瓶中。

2. 於定量瓶內加入 1~5 mL 的靛胭脂指示劑溶液。反應之初，定量瓶內的溶液呈現綠色。

3. 靜置一段時間後，溶液由綠色慢慢轉變為紅色，最後則變為淡黃色（紅色→淡黃色）。

4. 然後，輕輕地搖晃定量瓶，溶液的顏色由淡黃色轉變回紅色。

5. 最後，劇烈地搖晃定量瓶，溶液的顏色則由紅色變回初始的綠色（圖 4）。

綠色的靛胭脂　　　　紅色的靛胭脂　　　　黃色的靛胭脂
（氧化態）　　　　　（中間態）　　　　　（還原態）

圖 4　紅綠燈（綠→紅→黃）

## 四、教學提示

1. 若在進行反應時紅色的中間產物遲遲未顯現，則再多加多一點指示劑溶液。

2. 若加入過多的指示劑溶液，則溶液的顏色變化加深，反應時間延長。

3. 這個反應僅利用雙手搖晃定量瓶即可進行反應。

4. 溶液 A 的使用量不要超過本次實驗的建議用量 50 mL。

▶ 有趣的化學實驗 6

Chemistry Experiment
Environmental Protection

# 彩色搖瓶

## 一、原理

　　葡萄糖為還原糖，當溶液靜置時，葡萄糖將亞甲基藍(methyl blue)由藍色的氧化態慢慢還原成無色的還原態，搖盪時瓶內空氣中的氧溶於溶液中，又將亞甲基藍由無色的還原態氧化成藍色的氧化態，如下列反應式。本實驗利用藍瓶試驗(blue bottle)，亞甲基藍的顏色變化，說明水中的溶氧現象。

（葡萄糖）

亞甲基藍 　　還原　　 亞甲基藍
（藍色）　⇌　（無色）
　　　氧化

（空氣中的氧）

氧化態藍色

氧化　　還原
（氧）　（葡萄糖）

還原態無色

若將指示劑改為刃天青，則反應如下。

（葡萄糖）

$$刃天青 \xrightleftharpoons[\text{氧化}]{\text{還原}} 刃天青$$
（紅色）　　　　　　　　　　（無色）

（空氣中的氧）

Oxidized form (pink)　　　　　　　　　　Reduced form (colorless)

若將指示劑改為刃天青+亞甲基藍混合指示劑，則顏色反應變化如下。

（葡萄糖）

$$刃天青＋亞甲基藍 \xrightleftharpoons[\text{氧化}]{\text{還原}} 刃天青＋亞甲基藍$$
（紫色）　　　　　　　　　　　　（無色）

（空氣中的氧）

# 二、藥品與器材

1. 亞甲基藍(methyl blue)指示劑($C_{16}H_{18}N_3ClS$)：0.5 克亞甲基藍粉末溶於 100 mL 95%酒精。

2. 刃天青(resazurin)指示劑($C_{12}H_6NNaO_4$)：取 0.10 克刃天青粉末溶於 100 mL 水中。

3. KOH 固體。

4. 葡萄糖固體。

5. 500 mL 錐形瓶 3 個。

## 三、實驗步驟

1. 取 500 mL 錐形瓶 3 個，分別於 500 mL 錐形瓶中加入 5 克 KOH 固體，3 克葡萄糖，加水 250 mL，攪拌均勻溶解。

2. 於第 1 個錐形瓶（藍瓶）加入亞甲基藍指示劑 3 滴，塞上瓶塞，搖一搖使其均勻（圖 5）。

3. 錐形瓶靜置數分鐘後溶液呈無色。

4. 將錐形瓶搖盪，則溶液由無色→藍色。

5. 將錐形瓶靜置後，則溶液又回復無色。

6. 如此重複搖盪，靜置至顏色不再變化為止。

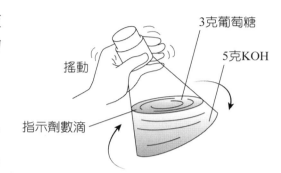

▲ 圖 5　彩色搖瓶

7. 將第 2 個錐形瓶（紅瓶）改滴入刃天青指示劑 5 滴，塞上瓶塞，搖一搖使其均勻。則顏色由無色→粉紅色。將錐形瓶靜置後，則溶液又回復無色。

8. 將第 3 個錐形瓶（紫瓶）改滴入（5 滴刃天青+10 滴亞甲基藍）混合指示劑，塞上瓶塞，搖一搖使其均勻。則顏色由無色→紫色。將錐形瓶靜置後，則溶液又回復無色。

## 四、教學提示

1. 改良式藍瓶試驗(Improved blue bottle)，A 瓶（藍瓶）：200 mL 溶液+3 滴亞甲藍，搖晃則無色→藍色，B 瓶（紅瓶）：200 mL 溶液+3 滴亞甲藍+10 滴酚酞，搖晃則紅色→紫色，C 瓶（橘瓶）：200 mL 溶液+3 滴亞甲藍+10 滴甲基橙，搖晃則橙色→綠色，D 瓶（黃瓶）：200 mL 溶液+3 滴亞甲藍+10 滴對-硝基酚，搖晃則黃色→深綠色。

2. 葡萄糖溶液取現配新鮮液，勿隔夜，效果差。

有趣的化學實驗 7

Chemistry Experiment

Environmental Protection

# 有碘不一樣——武林絕學

## 一、原理

　　這是一個複雜的氧化還原反應和催化作用的有趣實驗。雙氧水($H_2O_2$)在常溫下不易分解產生氧氣，以碘化鉀(KI)加入雙氧水中先作用產生碘($I_2$)，$I^-$再和 $I_2$ 生成三碘離子($I_3^-$)，而 $I_3^-$和二氧化錳一樣對雙氧水的分解具有催化作用，於是產生了氧氣，而碘化鉀被氧化產生碘。可以利用此反應特性，設計下列兩個有趣的化學實驗。

1. 泡沫傳情：實驗中加入了沙拉脫只是為了製造泡泡，而線香因氧氣而更亮，最後噴上澱粉檢驗了碘的存在。

2. 武林絕學：氧氣的製造實驗中，利用 KI 為催化劑，可以利用 KI 的氧化還原反應時顏色不同加以辨認。6% $H_2O_2$ + 2 克 KI 為劇烈的氧化還原反應，會釋放出大量熱，導致溫度 HOT 到最高點(96℃)，宛如運功泡茶→客來奉茶。反應式如下：

$$H_2O_2 + 2KI \rightarrow 2KOH + I_2$$

$$KI + I_2 \rightarrow KI_3$$

$$2H_2O_{2(aq)} \xrightarrow{\text{KI}} 2H_2O_{(l)} + O_{2(g)} \uparrow$$

## 二、藥品與器材

1. 250mL 錐形瓶 1 個。

2. KI 固體。

3. 35 %雙氧水。

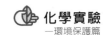

4. 50mL 量筒。

5. 10mL 量筒。

6. 鐵架 1 組。

7. 滴管。

8. 線香。

9. 0.5%澱粉溶液。

10. 500 mL 燒杯。

11. 沙拉脫。

# 三、實驗步驟

## （一）泡沫傳情

1. 以 50 mL 的量筒取 35%過氧化氫約 5 mL 與沙拉脫約 0.50 mL，輕輕搖動量筒使沙拉脫與過氧化氫混合（注意：取過氧化氫要小心，若觸及皮膚要立即以水沖洗）。

2. 以原子筆的筆套取碘化鉀顆粒少許（約 5 mg）從量筒上加入，即見產生氣泡。

3. 點一支線香，插入量筒內則見線香發亮，瞬即取出；等線香亮度減弱（復原），再將其插入量筒，見線香發亮，取出復原，如此可反覆數次。這項操作的結果說明了些什麼？

4. 再以澱粉溶液加於泡沫，則見泡沫變色，似同葡萄汁，這些操作的結果說明了些什麼？

5. 由以上的實驗結果，據理推測碘化鉀在本實驗中所演的角色。

## （二）武林絕學－客來奉茶(6% $H_2O_2$ + 2 克 KI) → 以線香測試 → 復燃。

1. 取茶葉袋一個，將茶葉取出改裝入 2 克 KI 固體。

2. 取一 500 mL 燒杯，倒入 100 mL 6 %的 $H_2O_2$ 溶液。

3. 將裝有 KI 的茶包丟入燒杯中，左手掌掌心靠近燒杯外部，狀似施功。發現很快就會有蒸氣冒出似「沸騰」。

4. 右手拿線香靠近燒杯口，線香因氧氣而復燃更亮。

5. 穩定後即可倒出褐色「茶水」（請勿飲用）。

6. 此實驗宛如利用手掌發功將水加熱泡茶，並使線香復燃→武林絕學！

# 四、教學提示

1. 雙氧水在常溫不易分解產生氧氣，本實驗將碘化鉀加入雙氧水與沙拉脫的混合溶液中，產生大量泡沫，插入點燃的線香，發現更亮。

2. 若以二氧化錳代替碘化鉀，也就是雙氧水和二氧化錳作用，也一樣產生大量泡沫，也一樣使點燃線香更亮，因此推斷本實驗雙氧水加碘化鉀反應，產生的氣體為氧。

3. 將澱粉溶液滴在泡沫上，見泡沫變藍色，可知此反應中有 $I_2$ 生成。

4. 由於反應式 $2H_2O_{2(aq)} \rightarrow 2H_2O_{(l)} + O_{2\,(g)}$ 為劇烈的氧化還原反應，會釋放出大量熱，導致溫度 HOT 到最高點($96°C$)。

5. 客來奉茶：(6% $H_2O_2$ + 2 克 KI) →以線香測試→復燃→武林絕學！

6. 本實驗為劇烈反應，要小心操作，不要太靠近燒杯瓶口。

有趣的化學實驗 8

Chemistry Experiment
Environmental Protection

# 搖一搖再變色—— 組合指示劑

## 一、原理

　　實驗室中常用的酸鹼指示劑種類繁多，顏色變化也各不相同，如表 8-1 所示。溶液在不同的酸鹼值，指示劑會呈現不同的顏色，但是通常溶液中僅能看到一次顏色的轉變。本實驗希望利用同一杯醋酸溶液中，因為底部鹼性固體（碳酸氫鈉或碳酸鈉）不斷地溶解及向上擴散，造成杯中溶液的酸鹼值，因高度的不同而互異。此時若溶液中存有多種指示劑，則在杯中的不同高度，將呈現出多樣的顏色。因此，若能細心調配各種指示劑的組合，便能讓同一杯不同酸鹼值的溶液中呈現不同的顏色，也能讓學生瞭解廣用指示劑的配製原理。

表 8-1　各指示劑的變色範圍及代號

| 指　　　示　　　劑 | | 顏 | | 色 |
| --- | --- | --- | --- | --- |
| 名稱 | 代號 | 酸形色 | 變色範圍 | 鹼形色 |
| 甲基橙 | A | 紅 | 3.2~4.4 | 黃 |
| 甲基紅 | B | 紅 | 4.8~6.0 | 黃 |
| 溴瑞香草酚藍 | C | 黃 | 6.0~7.6 | 藍 |
| 酚酞 | D | 無 | 8.2~10.0 | 粉紅 |

　　實驗室常見的酸鹼指示劑及其顏色變化如表 8-1 所示。酸鹼指示劑的變色範圍，常以溶液的酸鹼度 pH 值表示。以酚酞為例，溶液 pH 值，在 8.2 以下時呈現無色；溶液 pH 值在 10.0 以上時呈現粉紅色。醋酸在水溶液中會解離出 $(H_3O^+)$ 鋞離子，如下式：

$$CH_3COOH_{(aq)} + H_2O_{(l)} \rightleftharpoons CH_3COO^-_{(aq)} + H_3O^+_{(aq)}$$

此時溶液呈酸性，若加入溴瑞香草酚藍指示劑，溶液呈現黃色。將碳酸鈉溶於水中，所產生的碳酸根離子和水作用如下式，將產生氫氧根離子。此時溶液呈現鹼性，若加入溴瑞香草酚藍溶液則呈現藍色。

$$Na_2CO_{3(aq)} \longrightarrow 2Na^+_{(aq)} + CO_3^{-2}{}_{(aq)}$$

$$CO_3^{-2}{}_{(aq)} + H_2O_{(l)} \rightleftharpoons HCO_3^-{}_{(aq)} + OH^-{}_{(aq)}$$

依上述，如果將碳酸鈉固體加入裝有醋酸溶液的玻璃瓶中，由於固體密度較大，會沉在瓶底。此時稍加搖晃，部分的固體溶解，產生的氫氧根離子向上擴散，酸鹼中和附近的一些氫離子，造成不同高度的溶液其 pH 值各不相同，愈高處其值愈小，酸性較大。此時水溶液中若同時存在數種指示劑，便能在不同高度出現不同的顏色。不同指示劑的顏色透過彼此混合後，其間的變化更加多樣。若顏色已呈固定時，再輕輕搖動瓶子，讓瓶中不同高度的溶液混合，使 pH 值產生變化，就可以在同一杯水溶液中看到很多次的顏色變換，非常漂亮。因此透過本實驗，只要耐心的將指示劑做適當組合的嘗試，當水溶液能陸續呈現像彩虹般不同顏色時，便具備自製廣用指示劑的能力了。

## 二、實驗器材

1. 甲基橙(methyl orange)：取 0.10 克甲基橙粉末溶於 100mL 水中。

2. 甲基紅(methyl red)：0.1 克甲基紅粉末溶於 18.6mL 的 0.02N NaOH，稀釋至 250mL。

3. 酚酞(phenolphthalein)：取 1.0 克酚酞粉末溶於 100mL 95%酒精溶液中。

4. 溴瑞香草酚藍(bromothymol blue)：0.10 克溴瑞香草酚藍粉末溶 100mL 20%的乙醇。

5. 碳酸鈉($Na_2CO_3$)：適量。

6. 碳酸氫鈉($NaHCO_3$)：適量。

7. 醋酸(HOAc)：適量。

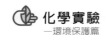
8. 含蓋玻璃瓶(200～300mL)：4 瓶。

9. 點滴瓶(100mL)：4 瓶。

## 三、實驗步驟

1. 配製四種不同的酸鹼指示劑，甲基紅、甲基澄、溴瑞香草酚藍及酚酞指示劑裝於滴瓶中。

2. 取空玻璃瓶數個，都裝大約八分滿的水，在各杯中分別滴入不同的酸鹼指示劑大約 10 滴（可依據酸鹼指示劑濃度，改變滴數）。

3. 攪拌溶液並觀察顏色，記下中性水溶液中的指示劑顏色。

4. 在各瓶中分別加入 2%醋酸 10mL，攪拌溶液並觀察顏色，記下酸性水溶液中指示劑的顏色。

5. 靜置後，在各瓶子中分別加入約 1.0g 量的碳酸氫鈉或碳酸鈉粉末，先不要攪拌，觀察溶液上層與下層的顏色。

6. 手持瓶子輕輕搖動一、兩下後，放回桌上靜置數秒，再觀察顏色。

7. 將四種酸鹼指示劑，依表 8-1 之編號為 A、B、C、D。重複上述 1~5 的步驟，指示劑添加方法改為兩種混搭、三種混搭及四種混搭，例如(A+B)、(A+C)、(A+D)…、(A+B+C)、(A+C+D)、(B+C+D)…及(A+B+C+D)，以適當的比例組合。

## 四、實驗結果

　　進行這項實驗時，大家可先討論四種酸鹼指示劑共有多少種混搭的方式。等實驗結束之後，再選出自己最喜歡的混搭結果，或是找出可看到出現最多種顏色變化的配方，再進一步應用至練習調配廣用指示劑。

# 紫草乳霜的製備

Chemistry Experiment
Environmental Protection

## 一、原理

　　皮膚健康時，最外之角質層含水分約 20~25%，pH 值約 4.5~6.0，水的含量取決於大氣濕度，皮膚須相對增減皮脂的分泌，如在寒冷時，為減少熱與水分的蒸散，皮脂膜會形成油中水滴型的 W/O 型乳化狀態，以免水分過多蒸發。水可改善皮膚的乾裂，但水易蒸發為其缺點。若乾性皮膚內的水分補充來不及，此時若在皮膚上塗上礦物油(mineral oil)或蠟(paraffin)等疏水性的物質於皮膚表面，可形成防壁，防止水分蒸發，但若只塗油，會阻礙皮膚發汗的功能，故常使水和油乳化，不但不易蒸散，也不會阻礙發汗，更可使觸感良好。

　　使用保養產品的目的，在將水分和保養油帶入皮膚達到保濕的功效，但是，因為油水不相溶，所以界面活性劑－乳化劑（圖 6），把兩者拉在一起（圖 7），便於該保養品的保存和使用。

　　保持適當水分於皮膚上，不但有保護柔軟皮膚的功能又能防止成品乾燥。紫草萃取油中之紫草素(Shiconix)具有鎮痛、止血、消炎、殺菌等作用，尤其對於促進肉芽之發生，以及表皮細胞之增殖，更有特效之作用。而紫根萃取物中蘊含之尿囊素(Allantoin)為親膚性保濕成分，可改善角質化皮膚，強化濕潤肌膚，具抗過敏功能。而尿囊素(Allantoin)的鎮定效果，能照顧夏日局部易乾燥粗燥肌膚，保濕清爽不黏膩，並且能激發細胞的正常生長，促進皮膚細胞的新陳代謝，自然代謝表皮層黑色素，進而使肌膚年輕健康，由內到外達到最自然、舒適的護膚成效。金盞花又名金盞草、金盞菊、常春花，一年生草本，菊科(asteraceae)雙子葉(dicotyledones)植物，具抗發炎及抗菌作用，經常應用於治療輕度外傷、潰瘍、濕疹、皮膚發炎等軟膏之組成分之中。金盞花萃取油對於敏感肌膚，有舒緩肌膚發炎及腫脹的功效。美國人喜歡將金盞花油，做為乾燥肌膚的潤膚保養品。

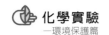
## 二、藥品與器材

1. 燒杯 500 mL。

2. 量筒 300 mL。

3. 小藥勺。

4. 簡易乳化劑。

5. 甜杏仁油、橄欖油、榛果油。

6. 香精。

7. 攪拌器（打蛋器）。

8. 紫草萃取油：將約 100 克乾紫草浸泡於橄欖油（或甜杏仁油）700 mL 中約兩個月（偶爾將瓶搖晃），置於光亮處！再用紗布過濾後裝瓶存放！

9. 金盞花萃取油：將約 10 克乾金盞花浸泡於橄欖油（或甜杏仁油）500 mL 中約兩個月（偶爾將瓶搖晃），置於光亮處！再用紗布過濾後裝瓶存放！

## 三、實驗步驟

### （一）紫草乳霜

1. 取紫草萃取油 10 mL 倒入 500 mL 燒杯中，再加入無菌水 300 mL，榛果油 10 mL，甜杏仁油 10 mL，簡易乳化劑四小勺（約 4 mL）。

2. 使用打蛋器不斷攪拌，當全部均勻後，乳化完成（圖 8）。

3. 反應完全後，選擇自己喜歡的香精數滴添加之，並攪拌均勻（紫草有中藥味，建議加薰衣草香精較搭）。

4. 裝入乳液瓶中，未加防腐劑請放冰箱冷藏。

## （二）金盞花乳霜

1. 將上列步驟(1)改用金盞花萃取油 10 mL 倒入 500 mL 燒杯中，再加入無菌水 300 mL，甘油 10 mL，甜杏仁油 10 mL，簡易乳化劑四小勺（約 4 mL）。

2. 金盞花萃取油沒有味道，建議加玫瑰或玉蘭花等香精。

親油部分 ← CH₃ — CH₂ — CH₂ — CH₂ — CH₂ — CH₂ — $\overset{O}{\underset{O^-N_a^+}{C}}$ → 親水部分

親油部分 ← CH₃ — CH₂ — CH₂ — CH₂ — CH₂ — CH₂ — CH₂ — ⬡ — $\overset{O}{\underset{O}{S}}$ — O⁻Na⁺ → 親水部分

**⚗ 圖 6　界面活性劑**

### 界面活性劑（乳化劑）

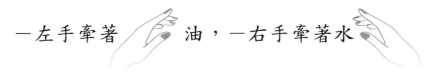

一左手牽著　　　油，一右手牽著水

**⚗ 圖 7　界面活性劑原理**

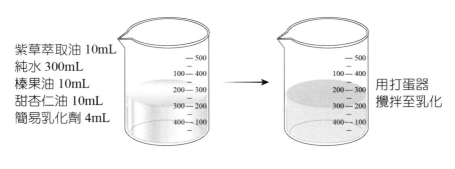

紫草萃取油 10mL
純水 300mL
榛果油 10mL
甜杏仁油 10mL
簡易乳化劑 4mL

用打蛋器
攪拌至乳化

加精油6滴 → 連續再攪拌，攪到手痠！ → 裝瓶ㄛ！

**⚗ 圖 8　紫草乳霜的製備**

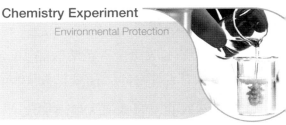

▶ 有趣的化學實驗 10

# 金盞花雪花膏的製備

## 一、原理

通常製作雪花膏時，選擇無色無味結晶之硬酯酸(stearic acid, $C_{17}H_{35}COOH$)為原料，若含有油酸等不純物，會造成雪花膏易腐壞的結果。當加入少量鹼水溶液中和後，可得皂化之硬酯酸皂，做為乳化劑，為一種 O/W 型乳化劑。若用氫氧化鈉做出來的雪花膏比較硬，用氫氧化鉀，則可生成較軟的雪花膏。此時欲使雪花膏更具均勻乳白狀，則須添加潤濕劑。潤濕劑通常為甘油(glycerol)或丙醇(propyl alcohol)，甘油不只是使擦在皮膚上的雪花膏富有美好的伸展美，更能保持適當水分於皮膚上，不但有保護柔軟皮膚的功能又能防止成品乾燥。

雪花膏製造反應式如下：

$$C_{17}H_{35}COOH + NaOH \rightarrow C_{17}H_{35}COONa + H_2O$$

$$C_{17}H_{35}COOH + KOH \rightarrow C_{17}H_{35}COOK + H_2O$$

## 二、藥品與器材

1. 燒杯 1,000 mL。

2. 燒杯 300 mL。

3. 燒杯 100 mL。

4. 量筒 10 mL。

5. 小藥勺。

6. KOH 固體。

7. 硬酯酸固體。

8. 香精數種。

9. 攪拌棒。

10. 酒精。

11. 紫草萃取油。

12. 金盞花萃取油。

# 三、實驗步驟

## （一）雪花膏

1. 稱取硬酯酸約 6 克於 100 mL 燒杯中。

2. 取約 10 mL 甘油加入燒杯中，將燒杯利用水浴加熱熔解並保持溫度於 80~90°C。

3. 取約 0.20 克氫氧化鉀及 2 mL 的酒精放入另一燒杯中，並加入 30 mL 蒸餾水，攪拌使其溶解。

4. 將步驟 3.的溶液徐徐倒加入步驟 2.之溶液中，並不斷攪拌，當全部加完後，仍須繼續攪拌，並保持溫度於 80~90°C 左右，使其乳化完成。

5. 反應完全後，攪拌冷卻至室溫，當溫度降至 45°C 以下時，選擇自己喜歡的香精數滴加入並攪拌均勻。

6. 裝入瓶中保存。

## （二）紫草雪花膏

1. 稱取硬酯酸約 6 克於 100 mL 燒杯中。

2. 取約 5 mL 甘油及 5 mL 紫草萃取油加入燒杯中，將燒杯利用水浴加熱熔解並保持溫度於 80~90°C。

3. 取約 0.20 克氫氧化鉀及 2 mL 的酒精放入另一燒杯中，並加入 30 mL 蒸餾水，攪拌使其溶解。

4. 將步驟 3.的溶液徐徐倒加入步驟 2.之溶液中，並不斷攪拌，當全部加完後，仍須繼續攪拌，並保持溫度於 80~90°C 左右，使其乳化完成（圖 9）。

5. 反應完全後，攪拌冷卻至室溫，當溫度降至 45°C 以下時，加入薰衣草香精數滴並攪拌均勻。

6. 裝入瓶中保存。

## （三）金盞花雪花膏

1. 稱取硬酯酸約 6 克於 100 mL 燒杯中。

2. 取約 5 mL 甘油及 5 mL 金盞花萃取油加入燒杯中，將燒杯利用水浴加熱熔解並保持溫度於 80~90°C。

3. 取約 0.20 克氫氧化鉀及 2 mL 的酒精放入另一燒杯中，並加入 30 mL 蒸餾水，攪拌使其溶解。

4. 將步驟 3.的溶液徐徐倒加入步驟 2.之溶液中，並不斷攪拌，當全部加完後，仍須繼續攪拌，並保持溫度於 80~90°C 左右，使其乳化完成。

5. 反應完全後，攪拌冷卻至室溫，當溫度降至 45°C 以下時，加入香精數滴並攪拌均勻。

6. 裝入瓶中保存。

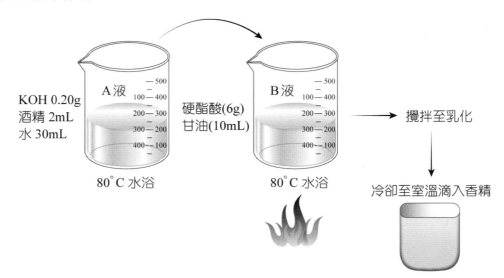

▲ 圖 9　雪花膏的製備

**UNIT**

# 丙級化學士術科考題

（107 年 7 月 17 日修訂版）

# 第一站 第一題：03000-980301-1 醋酸濃度的測定

強鹼弱酸→直接滴定

## 一、操作說明

醋酸(CH₃COOH)樣品以酚酞(PP)作指示劑，以氫氧化鈉(NaOH)標準溶液滴定，可求出醋酸之濃度。

（一）鄰苯二甲酸氫鉀（$C_8H_5O_4K$ 簡稱 KHP）標準溶液的配製。

（二）0.10 M 氫氧化鈉標準溶液配製與標定。

（三）醋酸（簡稱 HOAc）濃度之測定。

## 二、器具及材料

1. 洗瓶 500 mL 1 個。

2. 玻璃棒 5 mm×15 cm 2 支。

3. 秤量瓶 10 mL 2 個。

4. 球形吸量管 25 mL：A 級 1 支。

5. 量瓶 100 mL：A 級 2 個。

6. 量筒 100 mL：A 級 1 個。

7. 滴定管 50 mL：鐵氟龍活栓 A 級 1 支。

8. 滴定管架：附磁盤 1 組。

9. 滴管 3 支。

10. 漏斗：直徑 5 cm 1 個。

11. 燒杯 250 mL 3 個。

12. 錐形瓶 250 mL 4 個。

13. 藥匙 2 支。

14. 鄰苯二甲酸氫鉀(KHP)：105°C 烘乾後，置放於乾燥器中備用。

15. 氫氧化鈉固體。

# 三、原理

　　食醋中的醋酸含量可用標準鹼的滴定來測定，雖然有其他酸存在，分析結果通常用醋酸來表示－食醋中主要的酸成分。醋酸樣品以酚酞當指示劑，以氫氧化鈉標準溶液滴定，可測出醋酸樣品中醋酸之含量，由於醋酸微弱酸，氫氧化鈉為強鹼，兩者反應達當量點時，溶液呈弱鹼性，pH 值在 9 左右，因此以氫氧化鈉標準溶液滴定醋酸時，應使用變色範圍在 pH 值 8.1~10.0 之間的酚酞當指示劑。氫氧化鈉標準溶液的標定係使用 KHP 標準溶液，以酚酞為指示劑。反應式如下：

$$C_6H_4(COOH)(COOK) + NaOH \rightarrow C_6H_4(COONa)(COOK) + H_2O$$

　　由反應式可知反應時 NaOH 與 KHP 的莫耳比為 1：1。

　　醋酸樣品以酚酞當指示劑，以氫氧化鈉標準溶液滴定，可測出醋酸樣品中醋酸之含量，反應式如下：

$$CH_3COOH + NaOH \rightarrow CH_3COONa + H_2O$$

　　由反應式可知反應時 CH$_3$COOH 與 NaOH 的莫耳比為 1：1。

# 四、實驗步驟

## （一）鄰苯二甲酸氫鉀標準溶液的配製

1. 用稱量瓶精秤 1.60 ± 0.10 克標準鄰苯二甲酸氫鉀，以 30mL 試劑水稀釋至 300mL 燒杯中，再倒入 100mL 定量瓶中加水稀釋至 100 mL。
   KHP 標準溶液濃度計算，精秤（稱差法）$^{(註)}$ W$_{KHP}$ 克鄰苯二甲酸氫鉀，以試劑水稀釋定量至約 100mL。

$$KHP濃度 = \frac{\left(\dfrac{W_{KHP}}{KHP 分子量}\right)mol}{\left(\dfrac{100}{1000}\right)L}$$

W$_{KHP}$：KHP的重量(g)

KHP的分子量 = 204.22

註 稱差法：使用稱量瓶於二位數天平粗稱藥品，再將稱量瓶放入四位數天平中，關門，按歸零。取出稱量瓶將藥品傾入燒杯中，再將空稱量瓶放入四位數天平中，關門，讀取數據，此為所稱取藥品的淨重(x.xxxx)。

## （二）0.10 M 氫氧化鈉標準溶液標定

1. 使用 25mL 球型吸量管，量取 25 mL 鄰苯二甲酸氫鉀溶液放入 250 mL 錐形瓶中，以試劑水稀釋至 100 mL 加入酚酞指示劑 2 滴，以約 0.10 M 氫氧化鈉溶液滴定至粉紅色。

2. 記錄氫氧化鈉溶液滴定用去的體積(mL)。

3. 重複標定，計算氫氧化鈉標準溶液的濃度。

$$M_{NaOH} \times V_{NaOH} = M_{KHP} \times V_{KHP}$$

$M_{KHP}$ ： KHP 的莫耳濃度

$V_{KHP}$ ： KHP 標準溶液的體積(mL)

$M_{NaOH}$ ： NaOH 的莫耳濃度

$V_{NaOH}$ ： NaOH 標準溶液的用量(mL)

KHP 標準溶液的濃度已在步驟(1)計算求得，KHP 的體積為 25 mL，而 NaOH 溶液的用量體積可由滴定得知，代入上式即可求得 NaOH 標準溶液的濃度。

## （三）醋酸濃度的測定

1. 以稱量瓶精秤 1.00 ± 0.10 克醋酸樣品，放入錐形瓶中，以試劑水 100 mL 溶解。

2. 加入酚酞指示劑 2 滴，以約 0.1 M 氫氧化鈉溶液滴定至粉紅色。

3. 記錄氫氧化鈉溶液滴定用去的體積(mL)。

4. 重複滴定，計算醋酸的含量。

$$M_{NaOH} \times \frac{V_{NaOH}}{1000} = \frac{W_{HOAc}}{HOAc分子量}$$

$$W_{HOAc} = M_{NaOH} \times \frac{V_{NaOH}}{1000} \times HOAc分子量$$

$$HOAc\% = \frac{W_{HOAc}}{W_{樣品}} \times 100\%$$

$$= \frac{M_{NaOH} \times \frac{V_{NaOH}}{1000} \times HOAc分子量}{W_{樣品}} \times 100\%$$

$W_{HOAc}$：純醋酸的重量(g)

HOAc 分子量 = 60.05

$M_{NaOH}$： NaOH 的莫耳濃度

$V_{NaOH}$： NaOH 標準溶液的用量(mL)

$W_{樣品}$：醋酸樣品的重量(g)

# 五、結果報告表→301-1：醋酸濃度的測定

| 姓名 | | 測試日期 | 年 | 月 | 日 |
|------|--|----------|----|----|----|
| 學號 | | 考　場 | | | |

注意事項：如使用毛重扣除功能，僅須記錄淨重。

請於每次滴定前充滿滴定管並使讀數< 0.5 mL。

1. 鄰苯二甲酸氫鉀標準溶液之配製

　　鄰苯二甲酸氫鉀：總重_____g，空瓶重_____g，淨重_____g

　　配製體積_____mL，濃度_____M

　　請列出計算式並寫出各量測值及計算結果之單位：


2. 氫氧化鈉標準溶液之標定

　　鄰苯二甲酸氫鉀標準溶液取樣體積_____mL

　　滴定體積：(1)初讀數_____mL，終讀數_____mL，滴定體積_____mL

　　　　　　　(2)初讀數_____mL，終讀數_____mL，滴定體積_____mL

　　氫氧化鈉標準溶液濃度_____M

　　請列出計算式並寫出各量測值及計算結果之單位：


3. 樣品之測定（樣品編號：_____）

　　樣品重量：(1)總重_____g，空瓶重_____g，淨重_____g

　　　　　　　(2)總重_____g，空瓶重_____g，淨重_____g

　　滴定體積：(1)初讀數_____mL，終讀數_____mL，滴定體積_____mL

　　　　　　　(2)初讀數_____mL，終讀數_____mL，滴定體積_____mL

　　樣品中醋酸的含量 (1)_____%，(2)_____%，平均含量_____%

　　請列出計算式並寫出各量測值及計算結果之單位（以第一次結果為例）


4. 請寫出本實驗之化學反應式？


5. 請回答下列問題

　　(1) 本實驗為何不用甲基橙作為指示劑？

　　(2) 配製氫氧化鈉溶液為何先配成飽和溶液再行稀釋？




重要數據經確認無誤：監評人員簽名_____操作時間_____

　　　　　　　　　　　　　　　　　　（請勿於測試結束前先行簽名）

# 第一站　第二題：03000-980301-2 硼酸含量之測定

強鹼弱酸→直接滴定

## 一、操作說明

硼酸加入甘露醇使其生成醇硼酸，用標準鹼溶液滴定，可測定樣品中之硼酸含量。

（一）0.10 M 氫氧化鈉標準溶液之標定。

（二）樣品中硼酸含量之測定。

## 二、器具及材料

1. 安全吸球 1 個。

2. 洗瓶 500 mL 1 個。

3. 玻璃棒 5 mm×15 cm。

4. 秤量瓶 2 個。

5. 球形吸量管 25 mL：A 級 1 支。

6. 量瓶 100 mL：A 級 2 個。

7. 量筒 100 mL：A 級 1 個。

8. 滴定管 50 mL：鐵氟龍活栓，A 級 2 支。

9. 滴定管架：附磁盤 1 組。

10. 滴管 3 支。

11. 漏斗直徑 5 cm 2 個。

12. 錐形瓶 250 mL 5 個。

13. 藥匙 2 支。

14. 鄰苯二甲酸氫鉀(KHP)：105°C 烘乾後，置放於乾燥器中備用。

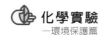

15. 氫氧化鈉固體。

16. 酚酞(PP)指示劑：1%酒精溶液。

17. 甘露醇（圖9）：20 克。

18. 硼酸樣品：配製成樣品溶液。

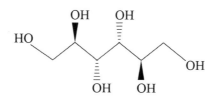

⚗ 圖9　甘露醇(Mannitol)結構式

# 三、原理

　　硼酸($H_3BO_3$)為缺電子化合物，路易士酸(Lewis acid)，是單質子酸且為極弱的酸($K_a = 5.8 \times 10^{-10}$)，故不能用鹼溶液直接滴定，但如在硼酸中加入甘露醇[註]($C_6H_{14}O_6$)或甘油等多元醇，可與硼酸形成穩定的配位化合物，因而增強硼酸在水溶液中的酸性($K_a = 1.1 \times 10^{-5}$)，反應式如下：

$$H_3BO_3 + H_2O \rightleftharpoons B(OH)_4^- + H^+$$

$$2 \begin{array}{c} CH_2-OH \\ | \\ HC-OH \\ | \\ HC-OH \\ | \\ HC-OH \\ | \\ HC-OH \\ | \\ CH_2-OH \end{array} + B(OH)_4^- \rightleftharpoons \left[ \begin{array}{ccc} CH_2-OH & & HO-CH_2 \\ | & & | \\ HC-OH & & HO-CH \\ | & & | \\ HC-OH & & HO-CH \\ | & & | \\ HC-OH & & HO-CH \\ | & & | \\ HC-O & O-CH \\ & B & \\ CH_2-O & O-CH_2 \end{array} \right]^- + 4H_2O$$

🔹註　甘露醇(Mannitol, $C_6H_{14}O_6$)是一種己六醇，白色針狀結晶，有甜味，易溶於熱水，溶解時會吸熱。溶於吡啶及苯胺，不溶於醚，無吸濕性。

所以硼酸可以用標準鹼溶液來滴定。

本實驗以酚酞作指示劑，氫氧化鈉標準溶液標定係使用 KHP 為標定劑。反應式如下：

$$C_6H_4(COOH)(COOK) + NaOH \rightarrow C_6H_4(COONa)(COOK) + H_2O$$

由反應式可知反應時 NaOH 與 KHP 的莫耳比為 1：1。

以氫氧化鈉標準溶液滴定硼酸樣品，可測出硼酸樣品中硼酸的含量。反應式如下：$H_3BO_3 + NaOH \rightarrow NaH_2BO_3 + H_2O$ 由反應式可知反應時 $H_3BO_3$ 與 NaOH 的莫耳比為 1：1。本實驗之試劑水需加熱去除 $CO_2$，試劑水若含二氧化碳，會因產生碳酸而成微酸性，影響實驗結果。反應式：$CO_{2(g)} + H_2O_{(l)} \rightarrow H_2CO_{3(aq)}$

# 四、實驗步驟

## （一）0.10 M 氫氧化鈉標準溶液之標定

1. 精秤 0.40 ± 0.05 克鄰苯二甲酸氫鉀，溶解於 50 mL 試劑水中，再加水稀釋至 100 mL。
2. 加入酚酞指示劑 2 滴，以約 0.10 M 氫氧化鈉標準溶液滴定至粉紅色。
3. 記錄氫氧化鈉溶液滴定用去的體積(mL)。
4. 計算氫氧化鈉標準溶液的濃度。

$$M_{NaOH} \times \frac{V_{NaOH}}{1000} = \frac{W_{KHP}}{KHP\ 分子量}$$

$W_{KHP}$：KHP 的重量(g)

KHP 的分子量 = 204.22

$M_{NaOH}$：NaOH 的莫耳濃度

$V_{NaOH}$：NaOH 標準溶液的用量(mL)

$W_{KHP}$ 由稱量得知，NaOH 溶液的用量體積(mL)可由滴定得知，KHP 分子量為 204.22，代入上式即可求得 NaOH 標準溶液的濃度(M)。

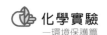
## （二）樣品中硼酸含量之測定

1. 精秤 $1.00 \pm 0.10$ 克樣品，以試劑水溶解定量至 100 mL。

2. 使用 25 mL 球型吸量管，量取 25 mL 樣品溶液，稀釋至 100 mL，加入 5 克甘露醇搖均，加入 2 滴酚酞指示劑，以氫氧化鈉標準溶液滴定至呈現粉紅色。

3. 記錄氫氧化鈉溶液滴定用去的體積(mL)。

4. 重複滴定。

5. 取 5 克甘露醇，加入 100 mL 試劑水中，加入 2 滴酚酞指示劑，進行空白試驗 (Blank Test)。

$$\frac{W_{\text{純硼酸}}}{H_3BO_3 \text{分子量}} = M_{\text{NaOH}} \times \left(\frac{V_{\text{NaOH}} - V_{\text{Blank}}}{1000}\right) \times \frac{100}{25}$$

$$W_{\text{純硼酸}} = M_{\text{NaOH}} \times \left(\frac{V_{\text{NaOH}} - V_{\text{Blank}}}{1000}\right) \times H_3BO_3 \text{分子量} \times \frac{100}{25}$$

$$H_3BO_3\% = \frac{W_{\text{純硼酸}}}{W_{\text{硼酸樣品}}} \times 100\%$$

$W_{\text{純硼酸}}$ ：純硼酸的重量(g)

$H_3BO_3$ 分子量 $= 61.83$

$M_{\text{NaOH}}$ ： NaOH 的莫耳濃度

$V_{\text{NaOH}}$ ： NaOH 標準溶液的用量(mL)

$W_{\text{硼酸樣品}}$ ：硼酸樣品的重量(g)

$V_{\text{Blank}}$ ：空白試驗時 NaOH 標準溶液的用量(mL)

$\dfrac{100}{25}$ ：取樣時 100 mL 取 25 mL 的溶液

# 五、結果報告表→ 301-2：硼酸含量的測定

| 姓名 | | 測試日期 | 年　　　月　　　日 |
|---|---|---|---|
| 學號 | | 考　　場 | |

注意事項：如使用毛重扣除功能，僅須記錄淨重。

請於每次滴定前充滿滴定管並使讀數< 0.5 mL。

1. 氫氧化鈉標準溶液之標定

　　鄰苯二甲酸氫鉀：總重_____g，空瓶重_____g，淨重_____g。

　　滴定體積：初讀數_____mL，終讀數_____mL，滴定體積_____mL

　　氫氧化鈉標準溶液濃度_____M

　　請列出計算式並寫出各量測值及計算結果之單位：

2. 樣品中硼酸含量的測定（樣品編號：_____）

　　樣品取量：總重_____g，空瓶重_____g，淨重_____g。

　　配製體積_____mL，取樣體積_____mL

　　滴定體積：(1)初讀數_____mL，終讀數_____mL，滴定體積_____mL

　　　　　　　(2)初讀數_____mL，終讀數_____mL，滴定體積_____mL

　　空白滴定體積初讀數_____mL，終讀數_____mL，滴定體積_____mL

　　原樣中硼酸含量：(1)_____g，含量_____%

　　　　　　　　　　(2)_____g，含量_____%

　　　　　　　　　　平均含量_____%

　　請列出計算式並寫出各量測值及計算結果之單位（以第一次結果為例）

3. 請寫出本實驗之化學反應式？

4. 請回答下列問題

　　(1) 樣品中為何先加入甘露醇？

　　(2) 本實驗使用之試劑水為何應先去除 $CO_2$？

重要數據經確認無誤：監評人員簽名_____操作時間_____

　　　　　　　　　　　　　　　　　　　（請勿於測試結束前先行簽名）

UNIT 04

# 第一站　第三題：03000-980301-3 液鹼中總鹼量之測定

強酸弱鹼→間接滴定

## 一、操作說明

　　液鹼樣品以甲基橙(MO)為指示劑，以標準酸溶液滴定，可測得樣品中之總鹼量。

（一）0.10 M 硫酸標準溶液標定。

（二）樣品之測定。

## 二、器具及材料

1. 安全吸球 1 個。

2. 洗瓶 500 mL 1 個。

3. 玻璃棒 5 mm×15 cm 1 支。

4. 秤量瓶 10 mL、20 mL 各 2 個。

5. 球形吸量管 50 mL：A 級 1 支。

6. 量瓶 100 mL：A 級 1 個。

7. 量瓶 200 mL：A 級 1 個。

8. 滴定管 50 mL：鐵氟龍活栓，A 級 2 支。

9. 滴定管架：附磁盤 1 組。

10. 滴管 4 支。

11. 漏斗直徑 5 cm 2 個。

12. 燒杯 150 mL 2 個。

13. 錐形瓶 250 mL 4 個。

14. 藥匙 1 支。

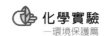

15. 碳酸鈉固體：270°C 烘乾後，置放於乾燥器中備用。

16. 硫酸溶液(0.10 M)：取 5.56 mL 濃硫酸溶於試劑水中，加水稀釋定量至 1,000 mL。

17. 氫氧化鈉溶液(0.13 M)：取 100 克氫氧化鈉溶於 100 mL 試劑水中，混合均勻放置於 PE 瓶至溶液澄清，以塑膠吸量管量取 5.2 mL 上層液，加水稀釋定量至 1,000mL。由承辦單位配製並標定，標示精確濃度。

18. 甲基橙指示劑：取 0.10 克甲基橙粉末溶於 100m L 熱水中。

19. 液鹼樣品：配製成樣品溶液後，硫酸溶液滴定體積 15 mL 以上。

## 三、原理

　　硫酸標準溶液之標定係使用 $Na_2CO_3$ 為標定劑，以甲基橙為指示劑。反應式如下：$H_2SO_4 + Na_2CO_3 \rightarrow Na_2SO_4 + H_2O + CO_2$

　　由反應式可知反應時 $H_2SO_4$ 與 $Na_2CO_3$ 的莫耳比為 1：1。硫酸與碳酸鈉反應時會分成兩階段進行，第一階段硫酸將碳酸鈉作用成碳酸氫鈉，當量點在 pH=8.3 左右；第二階段硫酸將碳酸氫鈉作用掉，當量點在 pH=4 左右，所以整個滴定必須使用變色範圍在 pH=3.1~4.4 之間的甲基橙當指示劑。間接滴定又稱反滴定（逆滴定），通常在無適當的指示劑或滴定終點不明確時使用。間接滴定法係加入過量之標準溶液於試料中，等到反應完結後過剩之標準溶液再用另一種標準溶液作逆滴定，由此兩次滴定所用兩種標準溶液莫耳數數差，求出試料純度的方法：例如 A + B → C 之反應時：

　　　　設試料 A 之莫耳數：A mol

　　　　加入試料中過剩標準溶液 B 的莫耳數：B mol = $M_B \times V_B$

　　　　反應完結後剩餘標準溶液 B 的莫耳數：D mol = $M_D \times V_D$

$$M_B \times V_B - M_D \times V_D = A \text{ mol}$$

　　液鹼是一種工業用鹼，一般含有 $Na_2CO_3$、$NaHCO_3$ 及 $NaOH$ 等多種鹼，通常以 $Na_2O$% 來表示液鹼的總鹼量。本實驗係在液鹼中加入過量 $H_2SO_4$ 標準溶液來中和其中的 $Na_2CO_3$、$NaHCO_3$ 及 $NaOH$ 等鹼，由於 $Na_2CO_3$、$NaHCO_3$ 會與 $H_2SO_4$ 作用產生 $CO_2$，而 $CO_2$ 溶於水中生成 $H_2CO_3$，是酸性的。會影響實驗結果，所以必須加熱趕去 $CO_2$，反應之後過量的 $H_2SO_4$ 標準溶液，再以 $NaOH$ 標準溶液來逆滴定。液鹼以試劑水稀釋後，以甲基橙為指示劑，以硫酸標準溶液滴定，可求得液鹼的總鹼度。

$$H_2SO_4 + Na_2O \rightarrow Na_2SO_4 + H_2O$$

$$H_2SO_4 + 2NaOH \rightarrow Na_2SO_4 + 2H_2O$$

# 四、實驗步驟

## （一）0.10 M 硫酸標準溶液標定

1. 精秤 $0.20 \pm 0.02$ 克碳酸鈉($Na_2CO_3$)，以試劑水溶解，稀釋至 100 mL。

2. 加入 2 滴甲基橙指示劑，以 0.10 M 硫酸標準溶液滴定至終點→橙紅色。

3. 記錄硫酸標準溶液用量(mL)。

4. 計算硫酸標準溶液的濃度。

$$M_{硫酸} \times \frac{V_{硫酸}}{1000} = \frac{W_{碳酸鈉}}{Na_2CO_3分子量}$$

UNIT 04

$M_{硫酸}$：$H_2SO_4$ 的莫耳濃度

$V_{硫酸}$：$H_2SO_4$ 標準溶液的用量(mL)

$W_{碳酸鈉}$：$Na_2CO_3$ 的重量

$Na_2CO_3$ 分子量 $= 105.99$

$W_{碳酸鈉}$ 由稱量得知，$V_{硫酸}$ 溶液的用量體積(mL)可由滴定得知，$Na_2CO_3$ 分子量為 105.99，代入上式即可求得硫酸標準溶液的濃度(M)。

## （二）樣品之測定

1. 秤取 $5.0 \pm 0.2$ 克液鹼，以不含二氧化碳之試劑水溶解定量至 100 mL。

2. 使用 20 mL 球型吸量管，量取樣品溶液 20 mL，稀釋至 100 mL。

3. 加入 2 滴甲基橙指示劑，以 0.10 M 硫酸標準溶液滴定至稍過量，置一小漏斗於瓶口，微火煮沸 5 分鐘，冷卻後再加入 2 滴甲基橙（橘紅色），再以約 0.10 M 氫氧化鈉溶液滴定過量之硫酸→黃色。

4. 記錄氫氧化鈉溶液的用量(mL)。

5. 重複滴定，計算液鹼中%總鹼量（以 $Na_2O$ 計）之平均值。

$$Na_2O \text{ 的莫耳數} = 加入 H_2SO_4 \text{ 的莫耳數} - 剩下的 H_2SO_4 \text{ 莫耳數}$$
$$= 加入 H_2SO_4 \text{ 的莫耳數} - NaOH \text{ 用去的莫耳數} \times 0.5$$

$$Na_2O \text{的重} = Na_2O \text{的莫耳數} \times Na_2O \text{的分子量}$$

$$原樣品中純 Na_2O \text{的重} = Na_2O \text{的莫耳數} \times Na_2O \text{的分子量} \times \frac{100}{20}$$

$$Na_2O\% = \frac{原樣品中純 Na_2O \text{的重}}{W_{液鹼}} \times 100\%$$

$$\text{Na}_2\text{O}\% = \frac{\left(\text{M}_{硫酸} \times \dfrac{\text{V}_{硫酸}}{1000} - \text{M}_{\text{NaOH}} \times \dfrac{\text{V}_{\text{NaOH}}}{1000} \times \dfrac{1}{2}\right) \times \text{Na}_2\text{O的分子量} \times \dfrac{100}{20}}{\text{W}_{液鹼}} \times 100\%$$

$\text{M}_{硫酸}$：$\text{H}_2\text{SO}_4$ 標準溶液的莫耳濃度

$\text{V}_{硫酸}$：$\text{H}_2\text{SO}_4$ 標準溶液的用量(mL)

$\text{M}_{\text{NaOH}}$：NaOH 標準溶液的莫耳濃度

$\text{V}_{\text{NaOH}}$：NaOH 標準溶液的用量(mL)

$\text{W}_{液鹼}$：液鹼的重量(g)

$\text{Na}_2\text{O}$ 分子量 = 61.98

# 五、結果報告表→301-3：液鹼中總鹼量之測定

| 姓名 | | 測試日期 | 年　　　月　　　日 |
|---|---|---|---|
| 學號 | | 考　場 | |

注意事項：如使用毛重扣除功能，僅須記錄淨重。

請於每次滴定前充滿滴定管並使讀數< 0.5 mL。

1. 硫酸標準溶液之標定

　　碳酸鈉：總重_____g，空瓶重_____g，淨重_____g。

　　滴定體積：初讀數_____mL，終讀數_____mL，滴定體積_____mL

　　硫酸標準溶液濃度_____M

　　請列出計算式並寫出各量測值及計算結果之單位：

2. 樣品之測定（樣品編號：_____）

　　樣品取量：總重_____g，空瓶重_____g，淨重_____g。

　　配製體積_____mL，樣品溶液取量_____mL

　　硫酸標準溶液滴定體積：(1)初讀數_____mL，終讀數_____mL，滴定體積_____mL

　　　　　　　　　　　　　(2)初讀數_____mL，終讀數_____mL，滴定體積_____mL

　　氫氧化鈉標準溶液滴定體積：(1)初讀數_____mL，終讀數_____mL，滴定體積_____mL

　　　　　　　　　　　　　　 (2)初讀數_____mL，終讀數_____mL，滴定體積_____mL

　　樣品中總鹼量(以 $Na_2O$%表示) (1)含量_____%，(2)含量_____%

　　樣品中之總鹼量平均值_____%

　　請列出計算式並寫出各量測值及計算結果之單位（以第一次結果為例）

3. 請寫出本實驗之化學反應式？

4. 請回答下列問題

　　(1)本實驗標定硫酸時，為何不使用酚酞指示劑？

　　(2)本實驗滴定時為何硫酸要過量，且需加熱冷卻後以氫氧化鈉回滴（反滴定）？

重要數據經確認無誤：監評人員簽名_____操作時間_____

　　　　　　　　　　　　　　　　　（請勿於測試結束前先行簽名）

# 第一站　第四題：03000-980301-4 磷酸三鈉含量測定

強酸弱鹼→直接滴定

## 一、操作說明

　　磷酸三鈉($Na_3PO_4$)可以溴甲酚綠(BCG)為指示劑，以標準酸滴定，進而計算樣品中磷酸三鈉之含量。

（一）碳酸鈉標準溶液的配製。

（二）0.25 M 鹽酸標準溶液標定。

（三）樣品之滴定。

## 二、器具及材料

1. 安全吸球 1 個。

2. 洗瓶 500 mL 1 個。

3. 玻璃棒 5 mm × 15 cm 1 支。

4. 秤量瓶 10 mL、20 mL 各 2 個。

5. 球形吸量管 50 mL：A 級 1 支。

6. 量瓶 100 mL：A 級 1 個。

7. 量瓶 200 mL：A 級 1 個。

8. 滴定管 50 mL：鐵氟龍活栓，A 級 1 支。

9. 滴定管架：附磁盤 1 組。

10. 滴管 4 支。

11. 漏斗直徑 5 cm 2 個。

12. 燒杯 150 mL 2 個。

13. 錐形瓶 250 mL 4 個。

14. 藥匙 1 支。

15. 碳酸鈉固體：270°C 烘乾後，置放於乾燥器中備用。（270°C 下烘乾除了去除水分，也可確保碳酸氫鈉完全分解為碳酸鈉）。

16. 鹽酸溶液(0.25 M)：取 21 mL 濃鹽酸溶於試劑水中，定量至 1000 mL。

17. 溴甲酚綠指示劑：取 0.10 克溴甲酚綠(BCG)粉末溶於 100 mL 20%乙醇中。

18. 甲基橙指示劑：取 0.10 克甲基橙粉末溶於 100 mL 熱水中。

19. 磷酸三鈉樣品：配製成樣品溶液後，鹽酸溶液滴定體積 15 mL 以上。

## 三、原理

　　磷酸三鈉與鹽酸反應時會分為兩階段進行，第一階段 $Na_3PO_4 \rightarrow Na_2HPO_4$，當量點在 pH = 10 左右，第二階段 $Na_2HPO_4 \rightarrow NaH_2PO_4$，當量點在 pH = 5 左右，因此測定磷酸三鈉的含量，可選擇變色範圍在 pH 值 4.2~6.2 之間的溴甲酚綠當指示劑。本實驗之化學反應式：

1. 鹽酸溶液之標定：$2HCl + Na_2CO_3 \rightarrow H_2CO_3 + 2NaCl$

2. 樣品之測定：$2HCl + Na_3PO_4 \rightarrow NaH_2PO_4 + 2NaCl$

　　磷酸三鈉($Na_3PO_4$)樣品以溴甲酚綠當指示劑，以鹽酸標準溶液滴定，可測出磷酸三鈉樣品中磷酸三鈉的含量。

## 四、實驗步驟

### （一）碳酸鈉標準溶液的配製

　　精秤 1.50 ± 0.10 克碳酸鈉，以試劑水溶解，稀釋定量至 100 mL。

$$碳酸鈉標準溶液的濃度 = \frac{\left(\dfrac{W_{碳酸鈉}}{Na_2CO_3 分子量}\right)}{\left(\dfrac{100}{1000}\right)}$$

$W_{碳酸鈉}$：$Na_2CO_3$ 的重量

$Na_2CO_3$ 分子量 = 105.99

### （二）0.25 M 鹽酸標準溶液標定

1. 使用 20 mL 球型吸量管，量取 20mL 碳酸鈉標準溶液置於 250 mL 錐形瓶中，加 80 mL 試劑水稀釋。

2. 加入 2 滴甲基橙指示劑，搖勻溶液呈黃色。

3. 以鹽酸標準溶液滴定至終點→溶液呈橙紅色。

4. 記錄鹽酸標準溶液的用量(mL)。

5. 重複滴定，計算鹽酸標準溶液的濃度。

$$M_{HCl} \times V_{HCl} = M_{碳酸鈉} \times V_{碳酸鈉} \times 2$$

$M_{碳酸鈉}$：$Na_2CO_3$ 標準溶液的莫耳濃度

$V_{碳酸鈉}$：$Na_2CO_3$ 標準溶液的體積(mL)

$M_{HCl}$：HCl標準溶液的莫耳濃度

$V_{HCl}$：HCl標準溶液的用量(mL)

## （三）樣品之滴定

1. 精秤 $1.00 \pm 0.05$ 克磷酸三鈉樣品，稀釋至 100 mL，加入 5 克氯化鈉[註]及 2 滴溴甲酚綠(BCG)指示劑，以 0.25 M 鹽酸標準溶液滴定至終點藍色→黃色。

2. 記錄鹽酸標準溶液的用量(mL)。

3. 重複滴定，計算樣品磷酸三鈉%含量平均值(%)。

$$Na_3PO_4\% = \frac{W_{純磷酸三鈉}}{W_{磷酸三鈉樣品}} \times 100\%$$

$$= \frac{M_{HCl} \times \dfrac{V_{HCl}}{1000} \times \dfrac{1}{2} \times Na_3PO_4 分子量}{W_{磷酸三鈉樣品}} \times 100\%$$

$M_{HCl}$：HCl標準溶液的莫耳濃度

$V_{HCl}$：HCl標準溶液的用量(mL)

$Na_3PO_4$ 分子量 = 163.94

$W_{純磷酸三鈉}$：純磷酸三鈉的重量(g)

$W_{磷酸三鈉樣品}$：磷酸三鈉樣品重量(g)

**[註]** 滴定時需加分析純食鹽，否則磷酸三鈉分析結果偏高約 10%。

五、結果報告表→301-4：磷酸三鈉含量的測定

| 姓名 | | 測試日期 | 年 月 日 |
|---|---|---|---|
| 學號 | | 考　場 | |

注意事項：如使用毛重扣除功能，僅須記錄淨重。

請於每次滴定前充滿滴定管並使讀數< 0.5 mL。

1. 碳酸鈉標準溶液之配製

   碳酸鈉：總重＿＿＿g，空瓶重＿＿＿g，淨重＿＿＿g

   配製體積＿＿＿mL，濃度＿＿＿M

   請列出計算式並寫出各量測值及計算結果之單位：

2. 鹽酸標準溶液之標定

   碳酸鈉標準溶液取樣體積＿＿＿mL

   滴定體積：(1)初讀數＿＿＿mL，終讀數＿＿＿mL，滴定體積＿＿＿mL

   　　　　　(2)初讀數＿＿＿mL，終讀數＿＿＿mL，滴定體積＿＿＿mL

   鹽酸標準溶液濃度＿＿＿M

   請列出計算式並寫出各量測值及計算結果之單位：

3. 樣品之測定（樣品編號：＿＿＿＿＿）

   樣品重量：(1)總重＿＿＿g，空瓶重＿＿＿g，淨重＿＿＿g

   　　　　　(2)總重＿＿＿g，空瓶重＿＿＿g，淨重＿＿＿g

   滴定體積：(1)初讀數＿＿＿mL，終讀數＿＿＿mL，滴定體積＿＿＿mL

   　　　　　(2)初讀數＿＿＿mL，終讀數＿＿＿mL，滴定體積＿＿＿mL

   樣品中磷酸三鈉的含量 (1)＿＿＿%，(2)＿＿＿%，平均含量＿＿＿%

   請列出計算式並寫出各量測值及計算結果之單位（以第一次結果為例）

4. 請寫出本實驗之化學反應式？

5. 請回答下列問題

   (1) 本實驗為何不用酚酞當作指示劑？

   (2) 碳酸鈉為何先於 270°C 烘乾？

重要數據經確認無誤：監評人員簽名＿＿＿＿＿＿＿＿＿　操作時間＿＿＿＿＿＿＿＿＿

（請勿於測試結束前先行簽名）

UNIT 04

293

# 第二站　第一題：03000-980302-1 水硬度之測定

鉗合滴定→EDTA 滴定法

## 一、操作說明

　　在 pH 10 下，以 EDTA 標準溶液和 Eriochrome Black T(EBT)指示劑滴定水中 $Ca^{2+}$ 和 $Mg^{2+}$ 總量，算出水的硬度。

（一）　鈣標準溶液之配製。

（二）　EDTA 滴定溶液之標定。

（三）　水樣品硬度之測定。

## 二、器具及材料

1. 安全吸球 1 個。

2. 吸量管架 1 個。

3. 刻度吸量管 2 mL：A 級 2 支。

4. 洗瓶 500 mL 1 個。

5. 玻璃棒 5 mm × 15 cm 2 支。

6. 秤量瓶 10 mL 1 個。

7. 球形吸量管 20 mL：A 級 1 支。

8. 球形吸量管 50 mL：A 級 1 支。

9. 量瓶 250 mL：A 級 1 個。

10. 量筒 50 mL：A 級 1 個。

11. 滴管 3 支。

12. 滴定管 50 mL：鐵氟龍活栓，A 級 1 支。

13. 滴定管架：附磁盤 1 組。

14. 漏斗直徑 5 cm 1 個。

15. 燒杯 250 mL 3 個。

16. 錐形瓶 250 mL 4 個。

17. 藥匙 2 支。

18. 碳酸鈣固體：270°C 烘乾後，置放於乾燥器中備用。

19. EDTA-2Na 溶液(0.01 M)：溶解 4.00 ± 0.02 克 EDTA 二鈉鹽於水，加入 10 mL 1% $MgCl_2 \cdot 6H_2O$ 後，加水稀釋定量至 1000 mL。

20. 稀鹽酸：（濃鹽酸：試劑水= 1：10）。

21. 稀氫氧化銨：（濃氨水：比試劑水= 1：10）。

22. 甲基橙指示劑：甲基橙粉末 0.10 克溶於 100 mL 熱試劑水。

23. 緩衝液：溶解 7 克的 $NH_4Cl$ 固體於 60 mL 的濃氨水中，再稀釋成 100 mL。（控制溶液的 pH 值範圍在 10.0 附近，以確保 $Ca^{+2}$ 及 $Mg^{+2}$ 可與 EDTA 完全反應，而且才能使用 EBT 當指示劑，並使滴定終點的顏色變化明顯。）

24. EBT 指示劑：0.50 克的 Eriochrome Black T 溶解於 70%乙醇 100 mL。

25. 硬度樣品水：EDTA 溶液滴定體積 15 mL 以上。

# 三、原理

　　以 EDTA（ethylenediaminetetraacetic acid 乙二胺四醋酸的縮寫）檢驗水質硬度，乃是藉著其與水樣中的鈣、鎂離子作用生成可溶性的錯離子化合物加入少量的染料 EBT(Eriochrome Black T)，而溶液之 pH = 10.0 ± 0.1 時，有足量的 EDTA 加入時則所有的鈣、鎂均成為錯離子化合物；此刻溶液之顏色變化由粉紅色變為藍色，此時即達到終點操作時 pH 值範圍在 10.0 ± 0.1 為佳，pH 值愈高，則終點變色判斷更明顯。在日常生活上亦可利用 EDTA 滴定法來測定飲用水的硬度問題，水的硬度是表明水中所含鈣鹽及鎂鹽等鹽類所形成的，水硬度的大小由水中鈣鹽及鎂鹽的含量而定，水硬度的表示法，通常以 ppm $CaCO_3$ 硬度為表示之，其 1 ppm $CaCO_3$ 定義為：1 公升水中所含 1 毫克重量的 $CaCO_3$。

$$\text{HOOCH}_2\text{C} \quad \text{N} \quad \text{CH}_2\text{CH}_2 \quad \text{N} \quad \begin{array}{l}\text{CH}_2\text{COOH}\\ \text{CH}_2\text{COOH}\end{array}$$
$$\text{HOOCH}_2\text{C}$$

**EthyleneDiamineTetraAcetic acid (EDTA)**

　　而總硬度的檢定，選定一種藍色染料如 Eriochrome Black T 為指示劑，它與水中鎂離子形成紅色錯離子，以標準 EDTA 溶液滴定之，水中鈣離子先與 EDTA 形成錯離子，當繼續滴定時，EDTA 再與 EBT-金屬錯離子中鎂離子形成螯形錯離子，而將 EBT 放出而回復其原來的藍色，記錄用去 EDTA 體積計算水的硬度，水的硬度以 ppm(part per million)表示，也就是在一百萬克的水中含有 1 克 $CaCO_3$ 稱為 1 ppm。通常飲用水的硬度($Ca^{+2} + Mg^{+2}$)含量超過 150 ppm，即不適合飲用。

$$H_2In^- + H_2O \rightarrow HIn^{-2} + H_3O^+ \qquad K_1 = 5\times10^{-7}$$

$$HIn^{-2} + H_2O \rightarrow In^{-3} + H_3O^+ \qquad K_2 = 2.8\times10^{-12}$$

$$\underset{\text{Red}}{MIn^{-1}} + H^+ \underset{\longleftarrow}{\overset{EDTA}{\longrightarrow}} \underset{\text{Blue}}{HIn^{-2}} + M - EDTA$$

$$Ca^{+2} + EBT \rightarrow Ca\text{-}EBT（紅色錯離子）$$

$$Mg^{+2} + EBT \rightarrow Mg\text{-}EBT（紅色錯離子）$$

$$Ca\text{-}EBT + EDTA \rightarrow Ca\text{-}EDTA + EBT（藍色）$$

$$Mg\text{-}EBT + EDTA \rightarrow Mg\text{-}EDTA + EBT（藍色）$$

　　EBT 金屬離子與 EDTA 係以莫耳數 1：1 結合成錯離子，使用 EBT 指示劑於含鎂量較低之溶液滴定時，終點顏色變化不明顯，因此可事先在 EDTA 標準溶液中加入少量氯化鎂來幫助終點的判斷。

$$K_1 = 5 \times 10^{-7}$$

## 四、實驗步驟

### （一）鈣標準溶液之配製

精秤 $0.25 \pm 0.02$ 克碳酸鈣($CaCO_3$)，加入少量稀鹽酸(HCl)溶解，加適量試劑水，加熱至沸騰，冷卻後加入數滴甲基橙(MO)指示劑，以 $NH_4OH$ 或 HCl 調整至甲基橙的顏色呈現中間色調後（紅→黃），稀釋定量至 250 mL。

$$鈣標準溶液的濃度CaCO_3 mg / mL = \frac{CaCO_3的重量(g)}{250\ mL} \times \frac{1000\ mg}{1\ g}$$

### （二）EDTA 滴定溶液之標定

1. 使用 20 mL 球型吸量管，量取鈣標準溶液 20mL，加入試劑水稀釋至 50mL。

2. 使用 1 mL 吸量管，加入 1 mL 緩衝液和 2 滴 EBT 指示劑，以 EDTA 溶液緩慢滴定至終點（紅→藍）。

3. 記錄 EDTA 標準溶液的用量(mL)。

4. 重複標定，求 EDTA 溶液濃度平均值。

$$EDTA滴定濃度CaCO_3(mg / mL)$$
$$= \frac{(鈣標準溶液的濃度CaCO_3\ mg/mL) \times 鈣標準液的體積(mL)}{EDTA滴定的用量(mL)}$$

## （三）樣品硬度之測定

1. 量取 50 mL 樣品水（使用 50 mL 球形吸量管）。

2. 使用 1 mL 吸量管，加入 1 mL 緩衝液和 2 滴 EBT 指示劑，以 EDTA 溶液緩慢滴定至終點（紅→藍）。

3. 記錄 EDTA 標準溶液的用量(mL)。

4. 重複滴定，求樣品硬度平均值（以 $CaCO_3$ mg/L 計）。

$$水樣的硬度ppm = \frac{EDTA滴定濃度CaCO_3(mg/mL) \times EDTA滴定的用量(mL)}{水樣的體積(L)}$$

# 五、結果報告表→302-1:水硬度之測定

| 姓名 | | 測試日期 | 年 月 日 |
|---|---|---|---|
| 學號 | | 考　場 | |

注意事項:如使用毛重扣除功能,僅須記錄淨重。

請於每次滴定前充滿滴定管並使讀數 < 0.5 mL。

1. 鈣標準溶液之配製

　CaCO_3 稱取量:總重_____g,空瓶重_____g,淨重_____g

　鈣標準溶液每 mL 相當於_____mg CaCO_3

　請列出計算式並寫出各量測值及計算結果之單位:

2. EDTA 標準溶液之標定

　鈣標準溶液取樣體積_____mL

　滴定體積:(1)初讀數_____mL,終讀數_____mL,滴定體積_____mL

　　　　　　(2)初讀數_____mL,終讀數_____mL,滴定體積_____mL

　平均值_____mL,EDTA 標準溶液每 mL 之滴定濃度_____ mg/CaCO_3 mL

　請列出計算式並寫出各量測值及計算結果之單位:

3. 樣品硬度之測定(樣品編號:_____)

　樣品體積_____mL

　滴定體積:(1)初讀數_____mL,終讀數_____mL,滴定體積_____mL

　　　　　　(2)初讀數_____mL,終讀數_____mL,滴定體積_____mL

　樣品之硬度(1)_____,(2)_____,平均_____ppm

　請列出計算式並寫出各量測值及計算結果之單位(以第一次結果為例)

4. 請寫出本實驗之化學反應式?

5. 請回答下列問題

　(1)本實驗加入緩衝液的目的為何?

　(2)EDTA 標準溶液加入氯化鎂的目的為何?

重要數據經確認無誤:監評人員簽名_____操作時間_____

　　　　　　　　　　　　　　　　　　　　　　(請勿於測試結束前先行簽名)

UNIT 04

# 第二站 第二題：03000-980302-2 錠劑中維他命 C 含量之測定

氧化還原滴定→直接碘定量法

## 一、操作說明

　　碘酸根離子和過量之碘離子於酸性下反應可生成碘，利用其與維他命 C ($C_6H_8O_6$)之氧化還原反應，可用以定量維他命 C。

（一）碘標準溶液之配製。

（二）維他命 C 之定量。

## 二、器具及材料

1. 安全吸球 1 個。

2. 吸量管架 1 個。

3. 刻度吸量管 2 mL：A 級 2 支。

4. 洗瓶 500 mL 1 個。

5. 玻璃棒 5 mm × 15 cm 2 支。

6. 秤量瓶 2 個。

7. 球形吸量管 25 mL：A 級 1 支。

8. 量瓶 100 mL：A 級 2 個。

9. 量筒 50 mL：A 級 1 個。

10. 滴定管 50 mL：鐵氟龍活栓，A 級 1 支。

11. 滴定管架：附磁盤 1 組。

12. 滴管 2 支。

13. 漏斗直徑 5 cm 1 個。

14. 燒杯 150 mL 2 個。

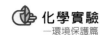

15. 錐形瓶 250 mL 3 個。

16. 藥匙 3 支。

17. 碘酸鉀：105°C 烘乾後，置放於乾燥器中備用。

18. 碘化鉀試藥級 6 克。

19. 濃鹽酸試藥級 5 mL。

20. 澱粉溶液(0.5%) 5 mL。

21. 偏磷酸溶液(3%) 5 mL。

22. 維他命 C 樣品($C_6H_8O_6$)。

# 三、原理

　　維他命 C 是水溶性維生素，是一種有效的抗氧化劑和還原劑，缺乏維他命 C 會引起壞血病，故常被稱為抗壞血酸(ascobic acid)，其在人體內的代謝機能上亦占有重要的地位。維他命 C 的定量除採用分光光度法外，另一種常用的方法為碘滴定法。本實驗以碘酸鉀一級試劑為碘分子來源，配製碘的標準溶液，以澱粉為指示劑，直接對維他命 C 定量。維他命 C 溶液中加入澱粉當指示劑，剛開始滴入碘標準溶液，溶液中會有藍色出現，但碘隨即被維他命 C 作用掉，因此藍色很快就消失，當達到滴定終點，再多一滴碘標準溶液就會與澱粉產生藍色。定量碘酸根離子與過量之碘離子於酸性下反應可生成碘，利用其與維他命 C 之氧化還原反應，可以定量維他命 C。化學反應式如下：

$$5I^- + IO_3^- + 6H^+ \rightleftharpoons 3I_2 + 3H_2O$$

反應式中維他命 C 為還原劑，碘($I_2$)為氧化劑，反應時維他命 C 與 $I_2$ 的莫耳數比為 1：1。實驗中加入 5 mL 3%偏磷酸溶液，是因為偏磷酸（metaphosphoric acid，圖 10）$(HPO_3)_n$，為是一種水溶性，不具氧化還原性質的強酸，它可當作良好的錯合劑，與溶液中微量的金屬形成錯化物以避免金屬離子氧化維他命素 C。

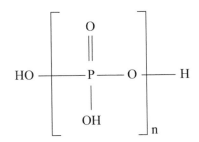

**▲ 圖 10　偏磷酸$(HPO_3)_n$ 結構圖**

# 四、實驗步驟

## （一）碘標準溶液之配製

精秤 0.20 ± 0.02 克乾燥之 $KIO_3$，加入約 3 克 KI，以 100 mL 試劑水及 2 mL 濃鹽酸溶解，加水稀釋定量至 250 mL。

$$KIO_3的莫耳濃度 = \frac{\left(\dfrac{W_{碘酸鉀}}{KIO_3分子量}\right)mol}{\left(\dfrac{250}{1000}\right)L}$$

$W_{碘酸鉀}$ ： $KIO_3$ 的重量(g)

$KIO_3$ 的分子量 $= 214$

碘標準溶液的濃度 ＝碘酸鉀溶液濃度 ×3

碘晶體容易昇華，不易溶於水，必須加入 KI 才能使碘溶解，而溶於水的碘離子會被空氣氧化，而改變濃度，通常不使用碘晶體配製碘標準溶液。

## （二）維他命 C 之定量

1. 精秤維他命 C 樣品 0.60 ± 0.05 克，以試劑水溶解，加水稀釋定量至 100 mL。

2. 以 20 mL 球型吸量管，精取上述溶液 20 mL，稀釋至 50mL，加入 1 mL 3%偏磷酸溶液，再加入 1 mL 0.5%澱粉溶液，以碘溶液滴定至終點（藍色）。（澱粉溶液在高濃度的碘溶液中會被分解，而失去指示劑的作用。本實驗以碘標準溶液滴定維他命 C 樣品，溶液中碘的濃度並不高，澱粉指示劑可於滴定前加入）。

3. 記錄碘標準溶液的用量(mL)。

4. 重複滴定二次，求維他命 C 之平均值及標準偏差。

$$樣品中維他命C的量(g) = M_{碘} \times \frac{V_{碘}}{1000} \times 維他命C的分子量 \times \frac{100}{20}$$

$M_{碘}$：$I_2$ 標準溶液的莫耳濃度

$V_{碘}$：$I_2$ 標準溶液的用量(mL)

維他命 C 的分子量 = 176.1

$$樣品中維他命C的含量\% = \frac{樣品中維他命C的量(g)}{樣品重(g)} \times 100\%$$

# 五、結果報告表→302-2：錠劑中維他命 C 含量之測定

| 姓名 | | 測試日期 | 年　　月　　日 |
|---|---|---|---|
| 學號 | | 考　場 | |

注意事項：如使用毛重扣除功能，僅須記錄淨重。

請於每次滴定前充滿滴定管並使讀數< 0.5 mL。

1. 碘標準溶液之配製及濃度計算

碘酸鉀：總重_____g，空瓶重_____g，淨重_____g

配製體積_____mL，濃度_____M，碘標準溶液濃度_____M

請列出計算式並寫出各量測值及計算結果之單位：

2. 樣品之測定（樣品編號：_____）

樣品重量：總重_____g，空瓶重_____g，淨重_____g

配製溶液_____mL

滴定體積：(1)初讀數_____mL，終讀數_____mL，滴定體積_____mL

(2)初讀數_____mL，終讀數_____mL，滴定體積_____mL

(3)初讀數_____mL，終讀數_____mL，滴定體積_____mL

試樣之維他命 C 含量(1)_____%，(2)_____%，(3)_____%

試樣之平均維他命 C 含量_____%

請列出計算式並寫出各量測值及計算結果之單位（以第一次結果為例），並計算三次結果之標準偏差。

3. 請寫出本實驗之化學反應式？

4. 請回答下列問題

(1) 昇華碘具有非常高的純度，為何不直接用來配製標準溶液？

(2) 本實驗澱粉指示劑為何於滴定前加入？

重要數據經確認無誤：監評人員簽名_____操作時間_____

（請勿於測試結束前先行簽名）

# 第二站 第三題：03000-980302-3 漂白水中有效氯之測定

氧化還原滴定→間接碘定量法

## 一、操作說明

在酸性水溶液中，次氯酸可將碘離子氧化成碘，以硫代硫酸鈉標準溶液滴定產生之碘量，可測定漂白水之%有效氯。

（一） 碘酸鉀標準溶液之配製。

（二） 硫代硫酸鈉標準溶液之標定。

（三） 漂白水中有效氯(%)之滴定。

## 二、器具及材料

1. 安全吸球 1 個。

2. 吸量管架 1 個。

3. 刻度吸量管 2 mL：A 級 1 支。

4. 刻度吸量管 5 mL：A 級 1 支。

5. 刻度吸量管 10 mL：A 級 1 支。

6. 刻度吸量管 20 mL：A 級 1 支。

7. 玻璃棒 5mm × 15cm 1 支。

8. 秤量瓶 1 個。

9. 球形吸量管 5 mL：A 級 1 支。

10. 球形吸量管 20 mL：A 級 1 支。

11. 量瓶 100 mL：A 級 2 個。

12. 量筒 100 mL：A 級 1 個。

13. 滴定管 50 mL：鐵氟龍活栓，A 級 1 支。

14. 滴定管架：附磁盤 1 組。

15. 滴管 2 支。

16. 漏斗直徑 5 cm 1 個。

17. 燒杯 250 mL 2 個。

18. 錐形瓶 250 mL 4 個。

19. 藥匙 1 支。

20. 碘酸鉀：105°C 烘乾後，置放於乾燥器中備用。

21. 碘化鉀(KI)溶液(2 M)：取 332 克 KI 於試劑水中，稀釋定量至 1,000 mL。

22. 硫酸溶液(1 M)：取 56 mL 濃硫酸，稀釋至 1,000 mL。

23. 硫代硫酸鈉標準溶液(0.10 M)：取 24.8 克 $Na_2S_2O_3 \cdot 5H_2O$ 及 0.4 克 NaOH 於試劑水中，定量至 1,000 mL。

24. 澱粉指示劑(0.5%)：取 0.50 克澱粉於少量試劑水中，攪拌成乳狀，倒入 100 mL 沸水，煮沸後靜置一夜，加入 0.20 克水楊酸。

25. 漂白水樣品：配製成樣品溶液後，碘溶液滴定體積 15mL 以上。

## 三、原理

　　氧化還原反應在人體細胞中占很重要的地位，在細胞中所有會產生能量的反應都是氧化還原反應。例如，細胞使葡萄糖氧化成為二氧化碳、水與能量。

　　氧化還原滴定(redox titration)為分析物質濃度相當重要的方法，可以氧化的物質可利用氧化劑使其氧化，於到達當量點時求出未知溶液的濃度。氧化還原滴定所用之操作方法與酸鹼滴定相同，計算方法亦類似。在酸性水溶液中，次氯酸可將碘離子氧化成碘，以硫代硫酸鈉標準溶液滴定產生之碘量，可測定漂白水中的有效氯含量。硫代硫酸鈉在酸性條件下中容易分解，反應式如下：$S_2O_3^{-2} + 2H^+$ → $H_2SO_3 + S$，水中微生物也會使硫代硫酸鈉分解，且水中二氧化碳和氧亦會與硫代硫酸鈉反應，所以硫代硫酸鈉溶液須使用煮沸過放冷的試劑水配製，並加入少量的 NaOH 或 $Na_2CO_3$ 使溶液成為鹼性，且每次使用前均須標定。硫代硫酸鈉標準溶液滴定至淡黃色，方可加入澱粉指示劑，因澱粉溶液在高濃度的碘溶液中會分解，且澱粉液容易被黴菌分解而失去效用，因此應使用剛新配製為宜。

本實驗是利用硫代硫酸鈉測定漂白液的反應，大部分是漂白液中的氧化劑是次氯酸鈉(NaClO)，主要成分即為 $ClO^-$，漂白劑強度以有效氯($Cl_2\%$)的百分比來表示，通常是由 1%至 5%，例如，含 2%有效氯的漂白劑，於 100 mL 溶液中含 2 克的有效氯。有效氯可藉 $ClO^-$ 與酸反應所產生的 $Cl_2$ 量來測定。本實驗的反應式如下：

$$IO_3^- + 5I^- + 6H^+ \rightarrow 3I_2 + 3H_2O$$

$$I_2 + 2S_2O_3^{2-} \rightarrow 2I^- + S_4O_6^{2-}$$

$$\underset{\text{漂白劑}}{ClO^-} + \underset{\text{碘離子}}{2I^-} + 2H^+ \rightarrow Cl^- + \underset{\text{碘}}{I_2} + H_2O$$

$$\underset{\substack{\text{藍黑色}\\(\text{澱粉液})}}{I_2} + 2S_2O_3^{-2} \rightarrow S_4O_6^{-2} + \underset{\substack{\text{無色}\\(\text{澱粉液})}}{2I^-}$$

滴定時以澱粉液做指示劑呈藍色（圖 11），當藍色消失即達滴定終點，而其中所產生的 $I_2$ 量即相當於漂白劑中 $ClO^-$ 的量。

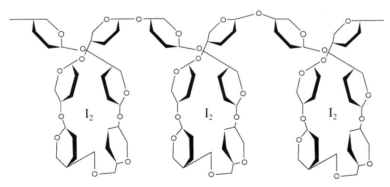

⚗ 圖 11　碘與澱粉形成藍色錯合物

# 四、實驗步驟

## （一）碘酸鉀標準溶液之配製

精秤 $0.50 \pm 0.05$ 克乾燥之 $KIO_3$，稀釋至 100 mL 定量瓶中。

$$KIO_3的莫耳濃度 = \frac{\left(\dfrac{W_{碘酸鉀}}{KIO_3分子量}\right)mol}{\left(\dfrac{100}{1000}\right)L}$$

$W_{碘酸鉀}$ ：$KIO_3$ 的重量(g)

$KIO_3$ 的分子量 = 214

## （二）硫代硫酸鈉標準溶液之標定

1. 精秤 $0.15 \pm 0.05$ 克乾燥之硫代硫酸鈉固體，以試劑水稀釋至 100 mL 定量瓶中。

2. 以 20 mL 球型吸量管，量取 20 mL 碘酸鉀標準溶液，加入 30 mL 試劑水，加入 5 mL 2 M 碘化鉀溶液及 5 mL 2 M 硫酸溶液，以硫代硫酸鈉標準溶液滴定至淡黃色，加入澱粉指示劑 1 mL，繼續滴定至藍色消失。

3. 記錄硫代硫酸鈉標準溶液之用量(mL)。

4. 重複滴定，計算硫代硫酸鈉標準溶液濃度平均值。

$$M_{硫代硫酸鈉} \times V_{硫代硫酸鈉} = M_{碘酸鉀} \times V_{碘酸鉀} \times 6$$

$M_{碘酸鉀}$ ：$KIO_3$ 標準溶液的莫耳濃度

$V_{碘酸鉀}$ ：$KIO_3$ 標準溶液的用量(mL)

$M_{硫代硫酸鈉}$ ：$Na_2S_2O_3$ 標準溶液的莫耳濃度

$V_{硫代硫酸鈉}$ ：$Na_2S_2O_3$ 標準溶液的用量(mL)

## （三）漂白水中有效氯之滴定

1. 取 2 mL 漂白水並精秤其重量，稀釋至 50 mL。

2. 加入 5 mL 2 M 碘化鉀溶液及 10 mL 2 M 硫酸溶液，以硫代硫酸鈉標準溶液滴定至淡黃色，加入澱粉指示劑 1 mL→呈藍色，繼續滴定至藍色消失。

3. 記錄硫代硫酸鈉標準溶液之用量(mL)。

4. 重複滴定，計算漂白水中有效氯含量(%)平均值。

$$\text{有效氯的莫耳數} = \text{OCl}^-\text{的莫耳數} = \text{硫代硫酸鈉的莫耳數} \times \frac{1}{2}$$

$$\text{有效氯的重} = \text{有效氯的莫耳數} \times (\text{Cl}_2\text{的分子量})$$

$$= M_{\text{硫代硫酸鈉}} \times \frac{V_{\text{硫代硫酸鈉}}}{1000} \times \frac{1}{2} \times (\text{Cl}_2\text{的分子量})$$

$$\text{有效氯\%} = \frac{M_{\text{硫代硫酸鈉}} \times \dfrac{V_{\text{硫代硫酸鈉}}}{1000} \times \dfrac{1}{2} \times (\text{Cl}_2\text{的分子量})}{W_{\text{漂白水}}} \times 100\%$$

UNIT 04

# 五、結果報告表→302-3：漂白水中有效氯之測定

| 姓名 | | 測試日期 | 年 月 日 |
|---|---|---|---|
| 學號 | | 考 場 | |

注意事項：如使用毛重扣除功能，僅須記錄淨重。

請於每次滴定前充滿滴定管並使讀數< 0.5 mL。

1. 碘酸鉀標準溶液之配製

   $KIO_3$稱取量：總重_____g，空瓶重_____g，淨重_____g

   配製體積_____mL，濃度_____M

   請列出計算式並寫出各量測值及計算結果之單位：

2. 硫代硫酸鈉標準溶液之標定

   碘酸鉀標準溶液取樣體積_____mL

   滴定體積：(1)初讀數_____mL，終讀數_____mL，滴定體積_____mL

            (2)初讀數_____mL，終讀數_____mL，滴定體積_____mL

   硫代硫酸鈉標準溶液濃度_____ M

   請列出計算式並寫出各量測值及計算結果之單位：

3. 樣品之測定（樣品編號：_____）

   樣品重量：(1)總重_____g，空瓶重_____g，淨重_____g

            (2)總重_____g，空瓶重_____g，淨重_____g

   滴定體積：(1)初讀數_____mL，終讀數_____mL，滴定體積_____mL

            (2)初讀數_____mL，終讀數_____mL，滴定體積_____mL

   樣品之有效氯含量：(1)_____%，(2)_____%

   樣品之平均有效氯含量：_____%

   請列出計算式並寫出各量測值及計算結果之單位（以第一次結果為例）

4. 請寫出本實驗之化學反應式？

5. 請回答下列問題

   (1) 本實驗澱粉指示劑為何於滴定至溶液呈淡黃色時再行加入？

   (2) 本實驗為何使用新鮮煮沸的試劑水配製硫代硫酸鈉標準溶液？

重要數據經確認無誤：監評人員簽名_____操作時間_____

                          （請勿於測試結束前先行簽名）

UNIT 04

# 第二站 第四題：03000-980302-4 亞鐵含量之測定

氧化還原滴定→過錳酸鉀滴定法

## 一、操作說明

在酸性水溶液中，以過錳酸根將亞鐵離子氧化成鐵離子，可測定樣品之亞鐵含量。

（一）0.05 M 草酸鈉標準溶液配製。

（二）0.02 M 過錳酸鉀標準溶液之標定。

（三）亞鐵含量之測定。

## 二、器具及材料

1. 安全吸球 1 個。

2. 吸量管架 1 個。

3. 洗瓶 500 mL 1 個。

4. 玻璃棒 5mm × 15cm 1 支。

5. 秤量瓶 1 個。

6. 球形吸量管 20 mL：A 級 1 支。

7. 量瓶 100 mL：A 級 2 個。

8. 量筒 100 mL：A 級 1 個。

9. 滴定管 50 mL：鐵氟龍活栓，A 級 1 支。

10. 滴定管架：附磁盤 1 組。

11. 滴管 2 支。

12. 漏斗直徑 5 cm 1 個。

13. 燒杯 250 mL 2 個。

14. 棉紗手套 1 雙。

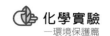

15. 溫度計 0~100°C 1 支。

16. 錐形瓶 250 mL 4 個。

17. 藥匙 1 支。

18. 草酸鈉：105°C 烘乾後，置放於乾燥器中備用。

19. 硫酸溶液(1 M)：取 56 mL 濃硫酸，稀釋至 1,000 mL。

20. 過錳酸鉀溶液(0.02 M)：取過錳酸鉀 3.21 克，溶於 900 mL 水中，緩緩煮沸 15 分鐘，冷卻，使用玻璃過濾器過濾（除去少量二氧化錳不純物），再加水釋稀至 1,000 mL，儲存棕色瓶中。

21. 亞鐵樣品：配製成樣品溶液後，過錳酸鉀溶液滴定體積 15 mL 以上。

# 三、原理

過錳酸鉀溶液之標定以 $Na_2C_2O_4$ 為標定劑，測出其標準溶液的濃度。而亞鐵鹽($Fe^{+2}$)在 $H_2SO_4$ 溶液中，可根據下列原理直接可用 $KMnO_4$ 滴定以定量。過錳酸鉀溶液在酸性溶液中可與亞鐵離子反應，反應式如下：

$$MnO_4^- + 8H^+ + 5e^- \rightarrow Mn^{+2} + 4H_2O$$
$$+) \qquad\qquad\qquad\qquad 5Fe^{+2} \rightarrow 5Fe^{+3} + 5e^-$$
$$\overline{MnO_4^- + 8H^+ + 5Fe^{+2} \rightarrow Mn^{+2} + 4H_2O + 5Fe^{+3}}$$

$MnO_4^-$ 在酸性冷溶液與亞鐵鹽反應氧化成鐵離子($Fe^{+3}$)，可測定亞鐵樣品中亞鐵的含量。本實驗之化學反應式如下：

1. 過錳酸鉀標準溶液標定係以草酸鈉標準溶液：

$$2MnO_4^- + 5C_2O_4^{2-} + 16H^+ \rightarrow 2Mn^{2+} + 10CO_2 + 8H_2O$$

從反應式中可知反應時 $KMnO_4$ 與 $Na_2C_2O_4$ 的莫耳比為 2：5。

2. 樣品之測定：

$$MnO_4^- + 5Fe^{2+} + 8H^+ \rightarrow Mn^{2+} + 5Fe^{3+} + 4H_2O$$

從反應式中可知反應時 $MnO_4^-$ 與 $Fe^{+2}$ 的莫耳比為 1：5。

# 四、實驗步驟

## （一）0.05 M 草酸鈉標準溶液配製

　　精秤 0.67 ± 0.05 克草酸鈉，至於 250mL 燒杯中，再以試劑水稀釋溶解至 100mL 定量瓶中。

$$草酸鈉的莫耳濃度 = \frac{\left(\dfrac{W_{草酸鈉}}{Na_2C_2O_4 分子量}\right) mol}{\left(\dfrac{100}{1000}\right) L}$$

$W_{草酸鈉}$ ： $Na_2C_2O_4$ 的重量(g)

$Na_2C_2O_4$ 的分子量 $= 134$

## （二）0.02 M 過錳酸鉀標準溶液之標定：

1. 以 20 mL 球型吸量管，精取 20 mL 草酸鈉標準溶液，以 1 M 硫酸溶液稀釋至 50 mL。

2. 加熱至 70°C 左右 ( 草酸鈉需加熱才會與過錳酸鉀反應完全 )，以過錳酸鉀溶液滴定至呈淺紅色且維持 30 秒不褪色。

3. 記錄過錳酸鉀標準溶液之用量(mL)。

4. 重複標定，計算過錳酸鉀標準溶液之濃度。

$$M_{過錳酸鉀} \times V_{過錳酸鉀} = M_{草酸鈉} \times V_{草酸鈉} \times \frac{2}{5}$$

$M_{過錳酸鉀}$ ： $KMnO_4$ 標準溶液的莫耳濃度

$V_{過錳酸鉀}$ ： $KMnO_4$ 標準溶液的用量(mL)

$M_{草酸鈉}$ ： $Na_2C_2O_4$ 標準溶液的莫耳濃度

$V_{草酸鈉}$ ： $Na_2C_2O_4$ 標準溶液的用量(mL)

UNIT 04

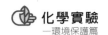
（三）亞鐵含量之測定

1. 精秤 0.60 ± 0.05 克亞鐵樣品，以 1 M 硫酸溶液稀釋至 50 mL。

2. 以過錳酸鉀溶液滴定至呈淺紅色且維持 30 秒不褪色。

3. 記錄過錳酸鉀標準溶液之用量(mL)。

4. 重複滴定，計算樣品之亞鐵含量平均值。

$$Fe\% = \frac{W_{純亞鐵}}{W_{亞鐵樣品}}$$

$$= \frac{M_{過錳酸鉀} \times \dfrac{V_{過錳酸鉀}}{1000} \times 5 \times (Fe的原子量)}{W_{亞鐵樣品}} \times 100\%$$

$M_{過錳酸鉀}$：$KMnO_4$ 標準溶液的莫耳濃度

$V_{過錳酸鉀}$：$KMnO_4$ 標準溶液的用量(mL)

$W_{純亞鐵}$：純亞鐵的重量(g)

$W_{亞鐵樣品}$：亞鐵樣品的重量(g)

Fe 的原子量 = 55.85

# 五、結果報告表→302-4：亞鐵含量之測定

| 姓名 | | 測試日期 | 年　　　月　　　日 |
|---|---|---|---|
| 學號 | | 考　　場 | |

注意事項：如使用毛重扣除功能，僅須記錄淨重。

請於每次滴定前充滿滴定管並使讀數< 0.5 mL。

1. 0.05M 草酸鈉標準溶液配製

　Na₂C₂O₄ 稱取量：總重_____g，空瓶重_____g，淨重_____g

　配製體積_____mL，濃度_____M

　請列出計算式並寫出各量測值及計算結果之單位：


2. 過錳酸鉀標準溶液之標定

　草酸鈉標準溶液取樣體積_____mL

　滴定體積：(1)初讀數_____mL，終讀數_____mL，滴定體積_____mL

　　　　　　(2)初讀數_____mL，終讀數_____mL，滴定體積_____mL

　過錳酸鉀標準溶液濃度_____ M

　請列出計算式並寫出各量測值及計算結果之單位：


3. 樣品之測定（樣品編號：_____）

　樣品重量：(1)總重_____g，空瓶重_____g，淨重_____g

　　　　　　(2)總重_____g，空瓶重_____g，淨重_____g

　滴定體積：(1)初讀數_____mL，終讀數_____mL，滴定體積_____mL

　　　　　　(2)初讀數_____mL，終讀數_____mL，滴定體積_____mL

　樣品之亞鐵含量：(1)_____%，(2)_____%，樣品之平均亞鐵含量：_____%

　請列出計算式並寫出各量測值及計算結果之單位（以第一次結果為例）


4. 請寫出本實驗之化學反應式？



5. 請回答下列問題

　(1) 本實驗為何草酸鈉溶液先行加熱，再以過錳酸鉀標準溶液滴定？

　(2) 本實驗配製過錳酸鉀時，先靜置再過濾之目的為何？



重要數據經確認無誤：監評人員簽名_____操作時間_____

（請勿於測試結束前先行簽名）

UNIT 04

# 附錄一　常用指示劑 pH 值範圍及顏色的變化與配製

| 指　示　劑 | pH 值 | 顏色變化 | 指示劑溶液的配製 |
|---|---|---|---|
| 甲基紫(methyl violet) | 0.1~1.5 | 黃→藍 | 0.25%水溶液。 |
| 甲基紅(methyl red) | 4.2~6.2 | 紅→黃 | 0.1 克溶於 18.6 mL 的 0.02N NaOH，稀釋至 250mL。 |
| 甲基橙(methyl orange) | 3.1~4.4 | 紅→黃 | 0.1%水溶液。 |
| 甲基黃(methyl yellow) | 2.9~4.0 | 紅→黃 | 0.1%的 90%酒精溶液。 |
| 甲基綠(methyl green) | 0.1~2.0 | 黃→綠→淺藍 | 取 0.05 克甲基綠溶於 100mL 水。 |
| 甲酚紅(o-Cresolsulfonephthalein) | 7.2~8.8 | 黃→紅 | 取甲酚紅 0.1 克，100mL50%乙醇。 |
| 瑞香草酚藍(Thymol blue)（酸性）<br>麝香草酚藍（百里香酚藍） | 1.2~2.8 | 紅→黃 | 0.1 克溶於 10.75 mL 的 0.02N NaOH，稀釋至 250mL。 |
| 三羥基蒽苯(benzopurin) | 1.3~4.0 | 藍→紅 | 0.1%水溶液。 |
| 橙色IV (organe IV) | 1.0~3.0 | 紅→黃 | 0.50 克橙色IV加 100 mL 冰醋酸溶解。 |
| 中性紅(Neutral red) | 6.8~8.0 | 紅→黃 | 取中性紅 0.5 克，加水溶解成 100mL，過濾。 |
| 石蕊(litmus) | 4.5~8.3 | 紅→藍 | 0.5%水溶液。 |
| 剛果紅(Congo red) | 3.0~5.2 | 藍→紅 | 0.1%水溶液。 |
| 酚紅(phenol red) | 6.8~8.4 | 黃→紅 | 0.1 克溶於 100 mL 的 20%乙醇。 |
| 溴甲酚綠(bromocresol green) | 3.8~5.4 | 黃→藍 | 0.1 克溶於 7.15 mL 的 0.02N NaOH，稀釋至 250mL。 |
| 溴酚藍(bromophenol blue) | 3.0~4.6 | 黃→藍 | 0.1 克溶於 7.45 mL 的 0.02N NaOH，稀釋至 250mL。 |
| 溴甲酚紫(bromocresol purple) | 5.2~6.8 | 黃→紫 | 0.1 克溴甲酚紫溶於 100mL 20%乙醇。 |
| 溴瑞香草酚藍(bromothymol blue)<br>溴百里酚藍（溴麝香草酚藍） | 6.0~7.6 | 黃→藍 | 0.1 克溶 100mL20%的乙醇。 |
| 瑞香草酚藍(thymol blue)（鹼性）<br>麝香草酚藍（百里香酚藍） | 8.0~9.6 | 黃→藍 | 0.1 克溶於 10.75 mL 的 0.02N NaOH，稀釋至 250mL。 |
| 間-甲酚紫(m-Cresol purple) | 7.5~9.2 | 黃→紫 | 取間甲酚紫 0.1 克，加 0.01mol/L 氫氧化鈉溶液 10 mL 溶解，再加水稀釋至 100 mL。 |

| 指　示　劑 | pH 值 | 顏色變化 | 指示劑溶液的配製 |
|---|---|---|---|
| 氯酚紅(chloro phenol red) | 5.0~6.6 | 黃→紅 | 0.1 克溶於 11.8 mL 的 0.02N NaOH，稀釋至 250mL。 |
| 鄰-甲酚酞(o-Cresolphthalein) | 8.2~9.8 | 無→紅 | 取鄰-甲酚酞 0.1 克，加乙醇 100mL 溶解。 |
| 酚酞(phenophthalein) | 8.2~10.0 | 無→紅 | 1%酒精溶液。 |
| 茜素黃 R(alizarin yellow R) | 10.2~12 | 黃→紅 | 0.1%水溶液。 |
| 靛胭脂(indigo carmine) | 11.6~14 | 藍→黃 | 0.25%在 50%酒精中 100mL。 |
| 乙氧基黃吡精 (Ethoxychrysoidine Hydrochloride) | 3.5~5.5 | 紅→黃 | 取乙氧基黃吡精 0.1 克，加乙醇 100mL 溶解。 |
| 兒茶酚紫(Pyrocatechol violet) | 6.0~7.0~9.0 | 黃→紫→紫紅 | 取兒茶酚紫 0.1 克，加水 100mL 溶解。 |
| 孔雀綠(Malachite green) | 0.0~2.0, 11.0~13.5 | 黃→綠 綠→無色 | 取孔雀綠 0.3 克，加冰醋酸 100mL 溶解。 |
| 茜素磺酸鈉(Alizarin red)茜素紅 S | 3.7~5.2 | 黃→紫 | 取茜素磺酸鈉 0.1 克，加水 100mL 溶解。 |
| 耐爾藍(Nile blue) | 10.1~11.1 | 藍→紅 | 取耐爾藍 1 克，加冰醋酸 100mL 溶解。 |
| 酚磺酞(Phenolsulfonphthalein) | 6.8~8.4 | 黃→紅 | 取酚磺酞 0.1 克，加 0.05mol/L 氫氧化鈉溶液 5.7mL 溶解，再加水稀釋至 200mL。 |
| 喹哪啶紅(Quinaldine Red) | 1.4~3.2 | 無→紅 | 取喹哪啶紅 0.1 克，加甲醇 100mL 溶解。 |
| 麝香草酚酞(Thymolphthalein) （百里酚酞） | 9.3~10.5 | 無→藍 | 取麝香草酚酞 0.1 克，加乙醇 100mL 溶解。 |
| 對-硝基酚(4-Nitrophenol) | 5.6~7.4 | 無→黃 | 0.25 克對-硝基酚溶於 100mL 水。 |
| 間-硝基酚(m-Nitrophenol) | 7.0~8.5 | 無→黃 | 0.25 克間-硝基酚溶於 100mL 水。 |
| 2,4-雙硝基酚(2,4-Dinitrophenol) | 2.7~4.0 | 無→黃 | 0.10 克 2,4-雙硝基酚溶於 100mL 水。 |
| 溴酚紅(bromophenol red) | 5.0~6.8 | 黃→紅 | 0.10 克溶於 9.75mL 0.02mol/L 氫氧化鈉溶液中，稀釋至 250mL。 |
| 苦味酸(2,4,6-Trinitrophenol) | 0.0~1.3 | 無→黃 | 取苦味酸 0.1 克溶於 100mL 水。 |

# 附錄二 化學沉澱表

(1)**全部為可溶之離子**：$I_A{}^+$、$NH_4{}^+$、$NO_3{}^-$、$CH_3COO^-$

　{"$I_A$" "銨" "硝酸根" "醋酸根"}

(2)**$Cl^-$、$Br^-$、$I^-$ 與下列離子均可產生沉澱**：亞汞 $Hg_2{}^{2+}$、亞銅 $Cu^+$、鉛 $Pb^{2+}$、銀 $Ag^+$、鉈 $Tl^+$

　{氯　溴　碘：鉈　汞　銅　銀　鉛　}

　{呂　秀　蓮：她　共　同　贏　錢　}

　\*常用：氯化銀=>白色　溴化銀=>淡黃色　碘化銀=>黃色

(3)**硫酸根 $SO_4{}^{2-}$ 與下列離子均可產生沉澱**：

　　　　$Pb^{2+}$、$Ra^{2+}$、$Ba^{2+}$、$Ca^{2+}$、$Sr^{2+}$

　{硫酸根離子：鉛　鐳　鋇　鈣　鍶}

　{溜　　　　　牽　連　被　蓋　死}

　\*硫酸根 + 鈣、鉛、鍶、鋇 離子 =>沉澱（都白色）

(4)**草酸根 $C_2O_4{}^{2-}$ 與下列離子均可產生沉澱**：$Ag^+$、$Pb^{2+}$、$Ba^{2+}$、$Ca^{2+}$、$Sr^{2+}$

　{炒　　　　　　　　贏　錢　被　蓋　死}

(5)**鉻酸根 $CrO_4{}^{2-}$ 與下列離子可產生沉澱**：

　　　　$Sr^{2+}$、$Hg_2{}^{2+}$、$Cu^{2+}$、$Ba^{2+}$、$Pb^{2+}$、$Ag^+$、$Ra^{2+}$

　{鉻酸根離子：鍶　汞　銅　鋇　鉛　鋇　鐳}

　{　各　思　共　同　贏　錢　貝　咧}

　\*鉻酸根 + 銀、鉛、鍶、鋇 離子 =>沉澱（大多黃色 除**鉻酸銀**=>紅色）

(6)**氟離子與下列離子可產生沉澱**：$Sr^{2+}$、$Mg^{2+}$、$Pb^{2+}$、$Ca^{2+}$、$Ba^{2+}$

　{佛　　　　　思　妹　前　蓋　被}

(7)**氫氧離子($OH^-$)與下列離子可溶解**：$NH_4{}^+$、$I_A{}^+$、$H^+$、$Sr^{2+}$、$Ba^{2+}$、$Ra^{2+}$

　{喔　　　　　安　伊　穿(台語)　絲　蓓　蕾}

(8)**兩性氫氧化物**：$Sn(OH)_2$、$Be(OH)_2$、$Cr(OH)_3$、$Al(OH)_3$、$Pb(OH)_2$、$Zn(OH)_2$、$Ga(OH)_3$

　難溶於水，但可溶於強酸及強鹼

{兩性氫氧化物　錫　鈹　鉻　鋁　鉛　鋅　鎵}

{　　　　　　　嘻　皮　哥　屢　遷　新　家}

兩性金屬：$Sn^{2+}$、$Be^{2+}$、$Cr^{3+}$、$Al^{3+}$、$Pb^{2+}$、$Zn^{2+}$、$Ga^{3+}$

兩性金屬的氫氧化物難溶於水，但可溶於強酸或強鹼中

強酸中：$Al(OH)_{3(s)} + 3H^+ \rightarrow Al^{3+}_{(aq)} + 3H_2O$

強鹼中：$Al(OH)_{3(s)} + OH^- \rightarrow Al(OH)_4^-{}_{(aq)}$

＊能與酸反應生成鹽和水又能與強鹼反應生成鹽和水的氫氧化物就是兩性氫氧化物

**(8)過渡金屬離子：**$Ag^+$、$Cd^{2+}$、$Cr^{2+}$、$Co^{2+}$、$Ni^{2+}$、$Cu^{2+}$、$Zn^{2+}$

過渡金屬的氫氧化物難溶於水，加入過量氨水時形成可溶性錯離子

{溶於氨水的氫氧化物　銀　鎘　鉻　鈷　鎳　銅　鋅}

{　嘍安ㄟ喔　　　　　贏　哥　哥　姑　娘　痛　心}

過渡金屬初加氨水時，氨水提供鹼性氫氧根，產生沉澱

$Ag^+ + OH^- \rightarrow AgOH_{(s)}$　　　$Cu^{2+} + 2OH^- \rightarrow Cu(OH)_{2(s)}$

加入過量氨水時　$AgOH_{(s)} + 2NH_{3(aq)} \rightarrow Ag(NH_3)_2^+{}_{(aq)} + OH^-$

$Cu(OH)_{2(s)} + 4NH_{3(aq)} \rightarrow Cu(NH_3)_4^{2+}{}_{(aq)} + 2OH^-$

### 化學沉澱表

| 陽離子 | 陰離子 | 水溶液狀態 | 沉澱物顏色 |
|---|---|---|---|
| $NH_4^+/I_A^+$ | 所有陰離子 | 可溶 | |
| 所有陽離子 | $NO_3^-$ | 可溶 | |
| $NH_4^+/I_A^+/Ca^{2+}/Sr^{2+}/Ba^{2+}/Ra^{2+}/H^+$ | $OH^-$ | 可溶 | |
| $NH_4^+/I_A^+/II_A^{2+}/H^+/Al^{3+}$ | $S^{2-}$ | 可溶 | 多為黑色，$MnS$ 為粉紅色，$ZnS$ 為白色 |
| $NH_4^+/I_A^+/H^+/$ | $CO_3^{2-}/SO_3^{2-}/PO_4^{3-}/C_2O_4^{2-}$ | 可溶 | |
| 所有陽離子 | $NO_3^-/CH_3COO^-/ClO_4^-$ | 可溶 | |
| $Ag^+$ | $CH_3COO^-$ | 沉澱 | 白色 |
| $Ag^+/Pb^{2+}/Hg_2^{2+}/Cu^+/Tl^+$ | $Cl^-/Br^-/I^-$ | 沉澱 | 黃色或白色 |
| $Ca^{2+}/Sr^{2+}/Ba^{2+}/Pb^{2+}$ | $SO_4^{2-}$ | 沉澱 | 白色 |
| $Ca^{2+}/Sr^{2+}/Ba^{2+}/Pb^{2+}/Ag^+$ | $CrO_4^{2-}$ | 沉澱 | $Ag_2CrO_4$ 為磚紅色，其餘黃色或白色 |

## 溶於強酸者

**I$_A$ 族及鈣、鍶、鋇、銨**以外的氫氧化物不溶於水，但溶於強酸

$$Cu(OH)_{2(s)}+2H^+\rightarrow Cu^{2+}_{(aq)}+2H_2O$$

## 弱酸鹽類

**CO$_3^{2-}$、SO$_3^{2-}$、PO$_4^{3-}$、CrO$_4^{2-}$**可溶於強酸

$$CO_3^{2-}+2H^+\rightarrow CO_{2(g)}+H_2O$$
$$SO_3^{2-}+2H^+\rightarrow SO_{2(g)}+H_2O$$
$$2CrO_4^{2-}+2H^+\rightarrow Cr_2O_7^{2-}_{(aq)}+H_2O$$

## 硫化物可溶於強酸

$$S^{2-}+2H^+\rightarrow H_2S_{(g)}$$

**註** 判斷方法

例：碳酸根除了和 $NH_4^+/I_A^+/H^+\cdots$ 可溶外，其餘皆不可溶。

陽離子和/$NO_3^-/CH_3COO^-/ClO_4^-\cdots$ 幾乎皆可溶。

# 附錄三　酸類之游離常數($K_a$)(298K)

| 名　稱 | 化學式 | $K_a$ |
|---|---|---|
| 過氯酸 | $HClO_4$（強酸） | $\infty$ |
| 氫碘酸 | $HI$（強酸） | $\infty$ |
| 氫溴酸 | $HBr$（強酸） | $\infty$ |
| 氫氯酸 | $HCl$（強酸） | $\infty$ |
| 硝酸 | $HNO_3$（強酸） | $\infty$ |
| 硫酸 | $H_2SO_4$（強酸） | $\infty$ |
| 碳酸 | $H_2CO_3$ | $K_1= 4.45\times10^{-7}$ |
| | | $K_2=4.70\times10^{-11}$ |
| 氯醋酸 | $ClCH_2COOH$ | $1.36\times10^{-3}$ |
| 檸檬酸 | $HOOC(OH)C(CH_2COOH)_2$ | $K_1=7.45\times10^{-4}$ |
| | | $K_2=1.73\times10^{-5}$ |
| | | $K_3=4.02\times10^{-7}$ |
| 乙二胺四醋酸 | $H_4Y$ | $K_1=1.0\times10^{-2}$ |
| | | $K_2=2.1\times10^{-5}$ |
| | | $K_3=6.9\times10^{-7}$ |
| | | $K_4=5.5\times10^{-11}$ |
| 甲酸 | $HCOOH$ | $1.77\times10^{-4}$ |
| 反丁烯二酸 | $trans\text{-}HOOCCH=CHCOOH$ | $K_1=9.6\times10^{4}$ |
| | | $K_2=4.1\times10^{-5}$ |
| 羥基乙酸 | $HOCH_2COOH$ | $1.48\times10^{-4}$ |
| 氫疊氮酸 | $HN_3$ | $1.9\times10^{-5}$ |
| 氫氰酸 | $HCN$ | $2.1\times10^{-9}$ |
| 氫氟酸 | $H_2F_2$ | $7.2\times10^{-4}$ |
| 過氧化氫 | $H_2O_2$ | $2.7\times10^{-12}$ |
| 氫硫酸 | $H_2S$ | $5.7\times10^{-15}$ |
| 次氯酸 | $HOCl$ | $3.0\times10^{-8}$ |
| 碘酸 | $HIO_3$ | $1.7\times10^{-1}$ |
| 硼酸 | $H_3BO_3$ | $5.83\times10^{-10}$ |
| 1-丁酸 | $CH_3CH_2CH_2COOH$ | $1.51\times10^{-5}$ |

| 名　　稱 | 化學式 | $K_a$ |
|---|---|---|
| 三氯醋酸 | $Cl_3CCOOH$ | $1.29 \times 10^{-1}$ |
| 醋酸 | $CH_3COOH$ | $1.8 \times 10^{-5}$ |
| 砷酸 | $H_3AsO_4$ | $K_1 = 6.0 \times 10^{-5}$ |
| | | $K_2 = 1.05 \times 10^{-7}$ |
| | | $K_3 = 3.0 \times 10^{-12}$ |
| 乳酸 | $CH_3CHOHCCOOH$ | $1.37 \times 10^{-4}$ |
| 順丁烯二酸 | $cis\text{-}HOOCH=CHCOOH$ | $K_1 = 1.2 \times 10^{-2}$ |
| | | $K_2 = 5.96 \times 10^{-7}$ |
| 蘋果酸 | $HOOCCHOHCH_2COOH$ | $K_1 = 4.0 \times 10^{-4}$ |
| | | $K_2 = 8.9 \times 10^{-6}$ |
| 丙二酸 | $HOOCCH_2COOH$ | $K_1 = 1.4 \times 10^{-3}$ |
| | | $K_2 = 2.01 \times 10^{-6}$ |
| 苯乙醇酸 | $C_6H_5CHOHCOOH$ | $3.88 \times 10^{-4}$ |
| 亞硝酸 | $HNO_2$ | $5.1 \times 10^{-4}$ |
| 草酸 | $H_2C_2O_4$ | $K_1 = 5.36 \times 10^{-2}$ |
| | | $K_2 = 5.42 \times 10^{-6}$ |
| 過碘酸 | $H_5IO_6$ | $K_1 = 2.4 \times 10^{-2}$ |
| | | $K_2 = 5.0 \times 10^{-9}$ |
| 酚 | $C_6H_5OH$ | $1.0 \times 10^{-10}$ |
| 磷酸 | $H_3PO_4$ | $K_1 = 7.11 \times 10^{-3}$ |
| | | $K_2 = 6.34 \times 10^{-8}$ |
| | | $K_3 = 4.2 \times 10^{-13}$ |
| 亞磷酸 | $H_3PO_3$ | $K_1 = 1.0 \times 10^{-2}$ |
| | | $K_2 = 2.6 \times 10^{-7}$ |
| 鄰苯二甲酸 | $C_6H_4(COOH)_2$ | $K_1 = 1.12 \times 10^{-3}$ |
| | | $K_2 = 3.91 \times 10^{-6}$ |
| 苦味酸 | $(NO_2)_3C_6H_2OH$ | $5.1 \times 10^{-1}$ |
| 亞硫酸 | $H_2SO_3$ | $K_1 = 1.72 \times 10^{-2}$ |
| | | $K_2 = 6.43 \times 10^{-8}$ |
| 丁二酸 | $HOOCCH_2CH_2COOH$ | $K_1 = 6.21 \times 10^{-5}$ |
| | | $K_2 = 2.32 \times 10^{-6}$ |

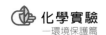
| 名　稱 | 化學式 | $K_a$ |
|---|---|---|
| 酒石酸 | HOOC(CHOH)₂COOH | $K_1=9.20\times10^{-4}$ |
|  |  | $K_2=4.31\times10^{-5}$ |
| 硒化氫 | $H_2Se$ | $2.3\times10^{-3}$ |
| 亞砷酸 | $H_3AsO_3$ | $K_1=6.0\times10^{-10}$ |
|  |  | $K_2=3.0\times10^{-14}$ |
| 苯甲酸 | $C_6H_5COOH$ | $6.14\times10^{-8}$ |

$$HA_{(aq)} + H_2O \rightarrow A^-_{(aq)} + H_3O^+_{(aq)} \qquad K_a = \frac{[A^-][H_3O^+]}{[HA]}$$

## 附錄四 🖊 鹼類之游離常數(K$_b$)(298K)

| 名 稱 | 化學式 | K$_b$ | 名 稱 | 化學式 | K$_b$ |
|---|---|---|---|---|---|
| 醋酸根離子 | $CH_3COO^-$ | $5.7 \times 10^{-10}$ | 硝酸根離子 | $NO_3^-$ | $5.0 \times 10^{-17}$ |
| 氨 | $NH_3$ | $1.8 \times 10^{-5}$ | 亞硝酸根離子 | $NO_2^-$ | $1.4 \times 10^{-11}$ |
| 苯胺 | $C_6H_5NH_2$ | $4.2 \times 10^{-10}$ | 草酸根離子 | $C_2O_4^{-2}$ | $1.6 \times 10^{-10}$ |
| 砷酸根離子 | $AsO_4^{-3}$ | $3.3 \times 10^{-3}$ | 草酸氫根離子 | $HC_2O_4^-$ | $1.8 \times 10^{-13}$ |
| 砷酸氫根離子 | $HAsO_4^{-2}$ | $9.1 \times 10^{-8}$ | 過錳酸根離子 | $MnO_4^-$ | $5.0 \times 10^{-17}$ |
| 砷酸二氫根離子 | $H_2AsO_4^-$ | $1.5 \times 10^{-3}$ | 磷酸根離子 | $PO_4^{-3}$ | $1.0 \times 10^{-2}$ |
| 硼酸根離子 | $H_2BO_3^-$ | $1.6 \times 10^{-5}$ | 磷酸氫根離子 | $HPO_4^{-2}$ | $1.5 \times 10^{-7}$ |
| | $B_4O_7^{-2}$ | $1.0 \times 10^{-3}$ | 磷酸二氫根離子 | $H_2PO_4^-$ | $1.3 \times 10^{-12}$ |
| 溴離子 | $Br^-$ | $1.0 \times 10^{-23}$ | 偏矽酸根離子 | $SiO_3^{-2}$ | $6.7 \times 10^{-3}$ |
| 碳酸根離子 | $CO_3^{-2}$ | $2.1 \times 10^{-4}$ | 偏矽酸氫根離子 | $HSiO_3^-$ | $3.1 \times 10^{-5}$ |
| 碳酸氫根離子 | $HCO_3^-$ | $2.2 \times 10^{-8}$ | 硫酸根離子 | $SO_4^{-2}$ | $1.0 \times 10^{-12}$ |
| 氯離子 | $Cl^-$ | $3.0 \times 10^{-23}$ | 亞硫酸根離子 | $SO_3^{-2}$ | $2.0 \times 10^{-7}$ |
| 鉻酸根離子 | $CrO_4^{-2}$ | $3.1 \times 10^{-8}$ | 硫離子 | $HSO_3^-$ | $7.0 \times 10^{-13}$ |
| 氰酸根離子 | $CN^-$ | $1.6 \times 10^{-5}$ | 硫化氫根離子 | $HS^-$ | $1.0 \times 10^{-7}$ |
| 二乙胺 | $(C_2H_5)_2NH$ | $9.5 \times 10^{-4}$ | 硫代硫酸根離子 | $S_2O_3^{-2}$ | $3.1 \times 10^{-12}$ |
| 二甲胺 | $(CH_3)_2NH$ | $5.9 \times 10^{-4}$ | 三乙胺 | $(C_2H_5)_3N$ | $5.2 \times 10^{-4}$ |
| 乙胺 | $C_2H_5NH_2$ | $4.7 \times 10^{-4}$ | 三甲胺 | $(CH_3)_3N$ | $6.3 \times 10^{-5}$ |
| 氟離子 | $F^-$ | $1.5 \times 10^{-11}$ | 甲胺 | $CH_3NH_2$ | $3.9 \times 10^{-4}$ |
| 甲酸根離子 | $HCOO^-$ | $5.6 \times 10^{-11}$ | 聯胺 | $H_2NNH_2$ | $3.0 \times 10^{-7}$ |
| 碘離子 | $I^-$ | $3.0 \times 10^{-24}$ | | | |

$$X^-_{(aq)} + H_2O \rightarrow HX_{(aq)} + OH^-_{(aq)} \qquad K_b = \frac{[HX][OH^-]}{[X^-]}$$

## 附錄五 溶度積常數$(K_{sp})$(298 K)

| 名　稱 | 化學式 | $K_{sp}$ | 名　稱 | 化學式 | $K_{sp}$ |
|---|---|---|---|---|---|
| 醋酸銀 | $AgOAc_{(註)}$ | $4.4\times10^{-3}$ | 鉻酸鋇 | $BaCrO_4$ | $1.2\times10^{-10}$ |
| 醋酸亞汞 | $Hg_2(OAc)_2$ | $4.0\times10^{-10}$ | 鉻酸銀 | $Ag_2CrO_4$ | $2.5\times10^{-12}$ |
| 砷酸銀 | $Ag_3AsO_4$ | $1.0\times10^{-22}$ | 鉻酸鉛 | $PbCrO_4$ | $2.8\times10^{-13}$ |
| 溴化鉛 | $PbBr_2$ | $3.9\times10^{-5}$ | 氰酸銀 | $AgCN$ | $2.3\times10^{-16}$ |
| 溴化亞銅 | $CuBr$ | $5.2\times10^{-9}$ | 氟化鋇 | $BaF_2$ | $1.0\times10^{-6}$ |
| 溴化銀 | $AgBr$ | $4.9\times10^{-13}$ | 氟化鎂 | $MgF_2$ | $6.8\times10^{-9}$ |
| 碳酸鎂 | $MgCO_3$ | $1.0\times10^{-5}$ | 氟化鈣 | $CaF_2$ | $2.7\times10^{-11}$ |
| 碳酸鎳 | $NiCO_3$ | $1.3\times10^{-7}$ | 氟化鍶 | $SrF_2$ | $2.5\times10^{-9}$ |
| 碳酸鈣 | $CaCO_3$ | $3.8\times10^{-9}$ | 氫氧化鋇 | $Ba(OH)_2$ | $1.3\times10^{-2}$ |
| 碳酸鋇 | $BaCO_3$ | $2.0\times10^{-9}$ | 氫氧化鍶 | $Sr(OH)_2$ | $6.4\times10^{-3}$ |
| 碳酸鍶 | $SrCO_3$ | $5.2\times10^{-10}$ | 氫氧化鈣 | $Ca(OH)_2$ | $4.0\times10^{-5}$ |
| 碳酸錳 | $MnCO_3$ | $5.0\times10^{-10}$ | 氫氧化鎂 | $Mg(OH)_2$ | $7.1\times10^{-12}$ |
| 碳酸銅 | $CuCO_3$ | $2.3\times10^{-10}$ | 氫氧化鈹 | $Be(OH)_2$ | $4.0\times10^{-13}$ |
| 碳酸亞鈷 | $CoCO_3$ | $1.0\times10^{-10}$ | 氫氧化鋅 | $Zn((OH)_2$ | $3.3\times10^{-13}$ |
| 碳酸亞鐵 | $FeCO_3$ | $2.1\times10^{-11}$ | 氫氧化錳 | $Mn(OH)_2$ | $2.0\times10^{-13}$ |
| 碳酸鋅 | $ZnCO_3$ | $1.7\times10^{-11}$ | 氫氧化鎘 | $Cd(OH)_2$ | $8.1\times10^{-15}$ |
| 碳酸銀 | $Ag_2CO_3$ | $8.1\times10^{-12}$ | 氫氧化鉛 | $Pb(OH)_2$ | $1.2\times10^{-15}$ |
| 碳酸鎘 | $CdCO_3$ | $1.0\times10^{-12}$ | 氫氧化亞鐵 | $Fe(OH)_2$ | $8.0\times10^{-16}$ |
| 碳酸鉛 | $PbCO_3$ | $7.4\times10^{-14}$ | 氫氧化鎳 | $Ni(OH)_2$ | $3.0\times10^{-16}$ |
| 氯化鉛 | $PbCl_2$ | $2.0\times10^{-5}$ | 氫氧化亞鈷 | $Co(OH)_2$ | $2.0\times10^{-16}$ |
| 氯化亞銅 | $CuCl$ | $1.2\times10^{-6}$ | 氫氧化銅 | $Cu(OH)_2$ | $1.3\times10^{-20}$ |
| 氯化銀 | $AgCl$ | $1.8\times10^{-10}$ | 氫氧化汞 | $Hg(OH)_2$ | $4.0\times10^{-26}$ |
| 氯化亞汞 | $Hg_2Cl_2$ | $1.3\times10^{-18}$ | 氫氧化亞錫 | $Sn(OH)_2$ | $6.0\times10^{-27}$ |
| 鉻酸鈣 | $CaCrO_4$ | $6.0\times10^{-4}$ | 氫氧化鉻 | $Cr(OH)_3$ | $6.0\times10^{-31}$ |
| 鉻酸鍶 | $SrCrO_4$ | $2.2\times10^{-5}$ | 氫氧化鋁 | $Al(OH)_3$ | $3.5\times10^{-34}$ |
| 鉻酸亞汞 | $Hg_2CrO_4$ | $2.0\times10^{-9}$ | 氫氧化鐵 | $Fe(OH)_3$ | $3.0\times10^{-39}$ |
| 碘化鉛 | $PbI_2$ | $7.1\times10^{-9}$ | 氫氧化錫 | $Sn(OH)_4$ | $1.0\times10^{-57}$ |

註 $CH_3COO^- \equiv OAc^-$

| 名　　稱 | 化學式 | $K_{sp}$ | 名　　稱 | 化學式 | $K_{sp}$ |
|---|---|---|---|---|---|
| 碘化亞銅 | $CuI$ | $1.1 \times 10^{-12}$ | 磷酸鋰 | $Li_3PO_4$ | $3.0 \times 10^{-13}$ |
| 碘化銀 | $AgI$ | $8.3 \times 10^{-17}$ | 磷酸銨鎂 | $MgNH_4PO_4$ | $3.0 \times 10^{-12}$ |
| 碘化汞 | $HgI_2$ | $3.0 \times 10^{-26}$ | 磷酸銀 | $Ag_3PO_4$ | $1.4 \times 10^{-16}$ |
| 碘化亞汞 | $Hg_2I_2$ | $4.5 \times 10^{-19}$ | 磷酸鋁 | $AlPO_4$ | $5.8 \times 10^{-19}$ |
| 硝酸氧鉍 | $BiO(NO_3)$ | $2.8 \times 10^{-3}$ | 磷酸錳 | $Mn_3(PO_4)_2$ | $1.0 \times 10^{-22}$ |
| 亞硝酸銀 | $AgNO_2$ | $6.0 \times 10^{-4}$ | 磷酸鋇 | $Ba_3(PO_4)_2$ | $3.0 \times 10^{-23}$ |
| 草酸鎂 | $MgC_2O_4$ | $8.0 \times 10^{-5}$ | 磷酸鉍 | $BiPO_4$ | $1.3 \times 10^{-23}$ |
| 草酸亞鈷 | $CoC_2O_4$ | $4.0 \times 10^{-6}$ | 磷酸鈣 | $Ca_3(PO_4)_2$ | $1.0 \times 10^{-26}$ |
| 草酸亞鐵 | $FeC_2O_4$ | $2.0 \times 10^{-7}$ | 磷酸鍶 | $Sr_3(PO_4)_2$ | $4.0 \times 10^{-28}$ |
| 草酸鎳 | $NiC_2O_4$ | $1.0 \times 10^{-7}$ | 磷酸鎂 | $Mg_3(PO_4)_2$ | $1.0 \times 10^{-32}$ |
| 草酸鍶 | $SrC_2O_4$ | $5.0 \times 10^{-6}$ | 磷酸鉛 | $Pb_3(PO_4)_2$ | $7.9 \times 10^{-43}$ |
| 草酸銅 | $CuC_2O_4$ | $3.0 \times 10^{-8}$ | 硫化錳 | $MnS$ | $2.3 \times 10^{-13}$ |
| 草酸鋇 | $BaC_2O_4$ | $2.0 \times 10^{-8}$ | 硫化亞鐵 | $FeS$ | $4.2 \times 10^{-17}$ |
| 草酸鎘 | $CdC_2O_4$ | $2.0 \times 10^{-8}$ | 硫化鎳 | $NiS$ | $3.0 \times 10^{-19}$ |
| 草酸鋅 | $ZnC_2O_4$ | $2.0 \times 10^{-9}$ | 硫化鋅 | $ZnS$ | $2.0 \times 10^{-24}$ |
| 草酸鈣 | $CaC_2O_4$ | $1.0 \times 10^{-9}$ | 硫化亞鈷 | $CoS$ | $2.0 \times 10^{-25}$ |
| 草酸銀 | $Ag_2C_2O_4$ | $3.5 \times 10^{-11}$ | 硫化亞錫 | $SnS$ | $3.0 \times 10^{-27}$ |
| 草酸鉛 | $PbC_2O_4$ | $4.8 \times 10^{-12}$ | 硫化鎘 | $CdS$ | $2.0 \times 10^{-28}$ |
| 草酸亞汞 | $Hg_2C_2O_4$ | $2.0 \times 10^{-13}$ | 硫化鉛 | $PbS$ | $1.0 \times 10^{-28}$ |
| 草酸錳 | $MnC_2O_4$ | $1.0 \times 10^{-15}$ | 硫化銅 | $CuS$ | $6.0 \times 10^{-34}$ |
| 草酸鑭 | $La_2(C_2O_4)_3$ | $2.0 \times 10^{-28}$ | 硫化亞銅 | $Cu_2S$ | $3.0 \times 10^{-48}$ |
| 硫酸鈣 | $CaSO_4$ | $2.5 \times 10^{-5}$ | 硫化銀 | $Ag_2S$ | $7.1 \times 10^{-50}$ |
| 硫酸銀 | $Ag_2SO_4$ | $1.5 \times 10^{-5}$ | 硫化汞 | $HgS$ | $4.0 \times 10^{-53}$ |
| 硫酸亞汞 | $Hg_2SO_4$ | $6.8 \times 10^{-7}$ | 硫化鐵 | $Fe_2S_3$ | $1.0 \times 10^{-83}$ |
| 硫酸鍶 | $SrSO_4$ | $3.5 \times 10^{-7}$ | 硫化鉍 | $Bi_2S_3$ | $1.6 \times 10^{-72}$ |
| 硫酸鉛 | $PbSO_4$ | $2.2 \times 10^{-8}$ | 氫氧化氧鉍 | $BiO(OH)$ | $1.0 \times 10^{-12}$ |
| 硫酸鋇 | $BaSO_4$ | $1.7 \times 10^{-10}$ | 氫氧化氧銻 | $SbO(OH)$ | $1.0 \times 10^{-17}$ |
| 氧化銀 | $Ag_2O$ | $2.0 \times 10^{-14}$ | 亞鐵氰化銀 | $Ag_4[Fe(CN)_6]$ | $2.0 \times 10^{-41}$ |

$$A_xB_{y\,(aq)} \rightarrow xA^{+m}{}_{(aq)} + yB^{-n}{}_{(aq)} \qquad K_{sp} = [A^{+m}]^x [B^{-n}]^y$$

## 附錄六 常見錯離子形成常數 $K_f$（室溫）

| 錯離子 | 形成常數 | 錯離子 | 形成常數 |
|---|---|---|---|
| $AgCl_2^-$ | $1.1 \times 10^5$ | $Cu(OH)_4^{-2}$ | $3.0 \times 10^{18}$ |
| $Ag(CN)_2^-$ | $1.0 \times 10^{21}$ | $FeCl_3$ | 98 |
| $Ag(en)_2^+$ | $5.0 \times 10^7$ | $Fe(CN)_6^{-4}$ | $1.0 \times 10^{35}$ |
| $Ag(NH_3)_2^+$ | $1.1 \times 10^7$ | $Fe(CN)_6^{-3}$ | $1.0 \times 10^{42}$ |
| $Ag(S_2O_3)_2^{-3}$ | $2.9 \times 10^{13}$ | $Fe(C_2O_4)_3^{-3}$ | $2.0 \times 10^{20}$ |
| $Al(C_2O_4)_3^{-3}$ | $2.0 \times 10^{16}$ | $Fe(C_2O_4)_3^{-4}$ | $1.7 \times 10^5$ |
| $AlF_6^{-3}$ | $6.9 \times 10^{19}$ | $FeF_3$ | $1.1 \times 10^{12}$ |
| $Al(OH)_4^-$ | $1.1 \times 10^{33}$ | $Fe(NCS)_2^+$ | $2.3 \times 10^3$ |
| $BiCl_4^-$ | $4.0 \times 10^5$ | $HgCl_4^{-2}$ | $1.2 \times 10^{15}$ |
| $CdCl_4^{-2}$ | $6.3 \times 10^2$ | $HgI_4^{-2}$ | $6.8 \times 10^{29}$ |
| $Cd(NH_3)_4^{+2}$ | $1.3 \times 10^7$ | $Hg(NH_3)_4^{+2}$ | $1.9 \times 10^{19}$ |
| $Cd(OH)_4^{-2}$ | $4.2 \times 10^8$ | $Hg(SCN)_4^{-2}$ | $1.7 \times 10^{21}$ |
| $Co(NH_3)_6^{+2}$ | $1.3 \times 10^5$ | $Ni(NH_3)_6^{+2}$ | $5.5 \times 10^2$ |
| $Co(NH_3)_6^{+3}$ | $2.0 \times 10^{35}$ | $PbCl_2$ | $2.8 \times 10^2$ |
| $Co(SCN)_4^{-2}$ | $1.0 \times 10^3$ | $Pb(C_2H_3O_2)_4^{-2}$ | $3.0 \times 10^3$ |
| $Cr(OH)_4^-$ | $8.0 \times 10^{29}$ | $PbNO_3^+$ | 15 |
| $CuCl_3^{-2}$ | $5.0 \times 10^5$ | $Pb(OH)_6^{-4}$ | $1.0 \times 10^{61}$ |
| $Cu(en)_2^{+2}$ | $1.0 \times 10^{20}$ | $SnCl_2$ | $1.7 \times 10^2$ |
| $Cu(NH_3)_2^+$ | $7.2 \times 10^{10}$ | $Zn(NH_3)_4^{+2}$ | $2.9 \times 10^9$ |
| $Cu(NH_3)_4^{+2}$ | $2.1 \times 10^{13}$ | $Zn(OH)_4^{-2}$ | $4.6 \times 10^{17}$ |

# 附錄七　在酸性溶液中的標準還原電位

（25°C 時，各離子濃度為 1 M，氣體分壓為 1 atm）

| 半反應 | 電位 $E°(V)$ | 半反應 | 電位 $E°(V)$ |
|---|---|---|---|
| $Li^++e^-\rightarrow Li$ | −3.045 | $2H^++2e^-\rightarrow H_2$ | 0.00 |
| $K^++e^-\rightarrow K$ | −2.925 | $HCOOH+2H^++2e^-\rightarrow HCHO+H_2O$ | 0.056 |
| $Ba^{+2}+2e^-\rightarrow Ba$ | −2.906 | $P+3H^++3e^-\rightarrow PH_3$ | 0.06 |
| $Ca^{+2}+2e^-\rightarrow Ca$ | −2.866 | $S_4O_6^{-2}+2e^-\rightarrow 2S_2O_3^{-2}$ | 0.08 |
| $Na^++e^-\rightarrow Na$ | −2.714 | $2H^++S+2e^-\rightarrow H_2S$ | 0.141 |
| $Mg^{+2}+2e^-\rightarrow Mg$ | −2.363 | $Sn^{+4}+2e^-\rightarrow Sn^{+2}$ | 0.154 |
| $Al^{+3}+3e^-\rightarrow Al$ | −1.622 | $SO_4^{-2}+4H^++2e^-\rightarrow H_2SO_3+H_2O$ | 0.172 |
| $Mn^{+2}+2e^-\rightarrow Mn$ | −1.180 | $Hg_2Cl_2+2e^-\rightarrow 2Hg+2Cl^-$ | 0.2676 |
| $Zn^{+2}+2e^-\rightarrow Zn$ | −0.763 | $Cu^{+2}+2e^-\rightarrow Cu$ | 0.337 |
| $Cr^{+3}+3e^-\rightarrow Cr$ | −0.744 | $H_2SO_3+4H^++4e^-\rightarrow S+3H_2O$ | 0.450 |
| $Te+2H^++2e^-\rightarrow H_2Te$ | −0.720 | $I_{2(s)}+2e^-\rightarrow 2I^-$ | 0.5355 |
| $As+3H^++3e^-\rightarrow AsH_3$ | −0.600 | $I_3^-+2e^-\rightarrow 3I^-$ | 0.536 |
| $H_3PO_3+2H^++2e^-\rightarrow H_3PO_2+H_2O$ | −0.500 | $H_3AsO_4+2H^++2e^-\rightarrow H_3AsO_3+H_2O$ | 0.559 |
| $Fe^{+2}+2e^-\rightarrow Fe$ | −0.440 | $MnO_4^-+e^-\rightarrow MnO_4^{-2}$ | 0.564 |
| $Cr^{+3}+e^-\rightarrow Cr^{+2}$ | −0.408 | $Hg_2SO_{4(s)}+2e^-\rightarrow 2Hg_{(l)}+SO_4^{-2}$ | 0.615 |
| $Cd^{+2}+2e^-\rightarrow Cd$ | −0.403 | $O_2+2H^++2e^-\rightarrow H_2O_2$ | 0.682 |
| $Se+2H^++2e^-\rightarrow H_2Se$ | −0.400 | $Fe^{+3}+e^-\rightarrow Fe^{+2}$ | 0.771 |
| $PbSO_4+2e^-\rightarrow Pb+SO_4^{-2}$ | −0.356 | $Ag^++e^-\rightarrow Ag$ | 0.7991 |
| $Co^{+2}+2e^-\rightarrow Co$ | −0.277 | $NO_3^-+2H^++e^-\rightarrow NO_2+H_2O$ | 0.80 |
| $H_3PO_4+2H^++2e^-\rightarrow H_3PO_3+H_2O$ | −0.276 | $Hg^{+2}+2e^-\rightarrow Hg$ | 0.854 |
| $Ni^{+2}+2e^-\rightarrow Ni$ | −0.250 | $HO_2^-+H_2O+2e^-\rightarrow 3OH^-$ | 0.88 |
| $Sn^{+2}+2e^-\rightarrow Sn$ | −0.136 | $2Hg^{+2}+2e^-\rightarrow Hg_2^{+2}$ | 0.920 |
| $Pb^{+2}+2e^-\rightarrow Pb$ | −0.126 | $NO_3^-+4H^++3e^-\rightarrow NO+2H_2O$ | 0.96 |
| $2H_2SO_3+H^++2e^-\rightarrow HS_2O_4^-+H_2O$ | −0.080 | $HNO_2+H^++e^-\rightarrow NO+H_2O$ | 1.00 |

（25°C 時，各離子濃度為 1 M，氣體分壓為 1 atm）

| 半反應 | 電位 E°(V) | 半反應 | 電位 E°(V) |
|---|---|---|---|
| $HIO+H^++2e^-\rightarrow I^-+H_2O$ | 1.00 | $HOCl+H^++2e^-\rightarrow Cl^-+H_2O$ | 1.49 |
| $ICl_2^-+e^-\rightarrow 1/2I_{2(s)}+2Cl^-$ | 1.056 | $MnO_4^-+8H^++5e^-\rightarrow Mn^{+2}+4H_2O$ | 1.51 |
| $Br_{2(l)}+2e^-\rightarrow 2Br^-$ | 1.065 | $BrO_3^-+6H^++5e^-\rightarrow 1/2Br_{2(l)}+3H_2O$ | 1.52 |
| $Br_{2(aq)}+2e^-\rightarrow 2Br^-$ | 1.087 | $Ce^{+4}+e^-\rightarrow Ce^{+3}$ | 1.61 |
| $SeO_4^{-2}+4H^++2e^-\rightarrow H_2SeO_3+H_2O$ | 1.15 | $HClO+H^++e^-\rightarrow 1/2Cl_2+H_2O$ | 1.63 |
| $IO_3^-+6H^++5e^-\rightarrow 1/2I_{2(s)}+3H_2O$ | 1.196 | $PbO_2+SO_4^{-2}+4H^++2e^-\rightarrow PbSO_4+2H_2O$ | 1.685 |
| $O_2+4H^++4e^-\rightarrow 2H_2O$ | 1.229 | $MnO_4^-+4H^++3e^-\rightarrow MnO_2+2H_2O$ | 1.695 |
| $MnO_2+4H^++2e^-\rightarrow Mn^{+2}+2H_2O$ | 1.23 | $HBiO_3+5H^++2e^-\rightarrow Bi^{+3}+3H_2O$ | 1.70 |
| $Ti^{+3}+2e^-\rightarrow Ti^+$ | 1.25 | $H_2O_2+2H^++2e^-\rightarrow 2H_2O$ | 1.776 |
| $Cr_2O_7^{-2}+14H^++6e^-\rightarrow 2Cr^{+3}+7H_2O$ | 1.33 | $Co^{+3}+e^-\rightarrow Co^{+2}$ | 1.808 |
| $Cl_{2(g)}+2e^-\rightarrow 2Cl^-$ | 1.359 | $S_2O_8^{-2}+2e^-\rightarrow 2SO_4^{-2}$ | 1.91 |
| $BrO_3^-{}_{(aq)}+6H^++6e^-\rightarrow Br^-+3H_2O$ | 1.44 | $O_3+2H^++2e^-\rightarrow O_{2(g)}+H_2O$ | 2.07 |
| $ClO_3^-{}_{(aq)}+6H^++6e^-\rightarrow Cl^-+3H_2O$ | 1.45 | $F_2+2e^-\rightarrow 2F^-$ | 2.65 |
| $PbO_2+4H^++2e^-\rightarrow Pb^{+2}+2H_2O$ | 1.455 | $F_2+2H^++2e^-\rightarrow 2HF_{(aq)}$ | 3.06 |
| $ClO_3^-+6H^++5e^-\rightarrow 1/2Cl_2+3H_2O$ | 1.47 | | |

## 附錄八　在鹼性溶液中的標準還原電位

25°C 時，各離子濃度為 1 M，氣體分壓為 1 atm

| 半 反 應 | 電位，$E°(V)$ |
|---|---|
| $Ca(OH)_2 + 2e^- \rightarrow Ca_{(s)} + 2OH^-$ | $-3.02$ |
| $Sr(OH)_2 + 2e^- \rightarrow Sr_{(s)} + 2OH^-$ | $-2.88$ |
| $Ba(OH)_2 + 2e^- \rightarrow Ba_{(s)} + 2OH^-$ | $-2.81$ |
| $Mg(OH)_2 + 2e^- \rightarrow Mg_{(s)} + 2OH^-$ | $-2.69$ |
| $Al(OH)_3 + 3e^- \rightarrow Al_{(s)} + 4OH^-$ | $-2.35$ |
| $Zn(OH)_2 + 2e^- \rightarrow Zn_{(s)} + 2OH^-$ | $-1.24$ |
| $PO_4^{-3} + 2H_2O + e^- \rightarrow HPO_3^- + 3OH^-$ | $-1.12$ |
| $2SO_3^{-2} + 2H_2O + 2e^- \rightarrow S_2O_4^{-2} + 4OH^-$ | $-1.12$ |
| $CNO^- + H_2O + 2e^- \rightarrow CN^- + 2OH^-$ | $-0.97$ |
| $SO_4^{-2} + H_2O + 2e^- \rightarrow SO_3^{-2} + 2OH^-$ | $-0.93$ |
| $Sn(OH)_6^{-2} + 2e^- \rightarrow Sn(OH)_4^{-2} + 2OH^-$ | $-0.90$ |
| $Fe(OH)_2 + 2e^- \rightarrow Fe_{(s)} + 2OH^-$ | $-0.88$ |
| $Sn(OH)_4^{-2} + 2e^- \rightarrow Sn + 4OH^-$ | $-0.76$ |
| $CrO_4^{-2} + 4H_2O + 3e^- \rightarrow Cr(OH)_4^- + 4OH^-$ | $-0.48$ |
| $Ag(CN)_2^- + e^- \rightarrow Ag_{(s)} + 2CN^-$ | $-0.31$ |
| $O_2 + 2H_2O + 2e^- \rightarrow H_2O_2 + 2OH^-$ | $-0.076$ |
| $MnO_2 + 2H_2O + 2e^- \rightarrow Mn(OH)_2 + 2OH^-$ | $-0.05$ |
| $Cu(NH_3)_4^{+2} + e^- \rightarrow Cu(NH_3)_4^+ + 2NH_3$ | $-0.00$ |
| $Co(NH_3)_6^{+3} + e^- \rightarrow Co(NH_3)_6^{+2}$ | $0.10$ |
| $Co(OH)_3 + e^- \rightarrow Co(OH)_2 + OH^-$ | $0.17$ |
| $ClO_4^- + H_2O + 2e^- \rightarrow ClO_3^- + 2OH^-$ | $0.36$ |
| $Ag(NH_3)_2^+ + e^- \rightarrow Ag_{(s)} + 2NH_{3(aq)}$ | $0.37$ |
| $2H_2O + O_2 + 4e^- \rightarrow 4OH^-$ | $0.401$ |
| $IO_3^- + H_2O + 2e^- \rightarrow I^- + 2OH^-$ | $0.49$ |
| $NiO_2 + 2H_2O + 2e^- \rightarrow Ni(OH)_2 + 2OH^-$ | $0.49$ |
| $MnO_4^- + e^- \rightarrow MnO_4^{-2}$ | $0.54$ |
| $MnO_4^- + 2H_2O + 3e^- \rightarrow MnO_2 + 4OH^-$ | $0.57$ |
| $MnO_4^{-2} + 2H_2O + 2e^- \rightarrow MnO_2 + 4OH^-$ | $0.60$ |
| $OBr^- + H_2O + 2e^- \rightarrow Br^- + 2OH^-$ | $0.76$ |
| $H_2O_2 + 2e^- \rightarrow 2OH^-$ | $0.88$ |
| $ClO^- + H_2O + 2e^- \rightarrow Cl^- + 2OH^-$ | $0.89$ |
| $O_3 + H_2O + 2e^- \rightarrow O_2 + 2OH^-$ | $1.24$ |

## 附錄九 常用之酸鹼溶液的濃度

| 名稱 | 分子量 | 莫耳濃度 | 百分比濃度 | 比重 |
|---|---|---|---|---|
| 鹽酸(HCl) | 36.50 | 12.00 | 36 | 1.18 |
| 硝酸($HNO_3$) | 63.02 | 15.99 | 69 | 1.42 |
| 硫酸($H_2SO_4$) | 98.10 | 18.00 | 98 | 1.84 |
| 氫溴酸(HBr) | 80.92 | 8.89 | 48 | 1.05 |
| 磷酸($H_3PO_4$) | 98.00 | 14.70 | 85 | 1.70 |
| 甲酸(HCOOH) | 46.02 | 23.40 | 90 | 1.02 |
| 醋酸($CH_3COOH$) | 60.05 | 17.40 | 99.5 | 1.05 |
| 氫氧化鉀(KOH) | 56.10 | 13.50 | 50 | 1.42 |
| 氫氧化鈉(NaOH) | 40.00 | 19.10 | 50 | 1.32 |
| 氨水($NH_3$) | 17.00 | 14.80 | 28 | 0.898 |
| 碳酸鈉($Na_2CO_3$) | 106 | 19.1 | 10 | 1.10 |

# 附錄十 常用指示劑試紙和試紙的製備

| 試紙名稱 | 製備方法 | 用途 |
|---|---|---|
| 剛果紅試紙（紅色） | 將 0.5 克剛果紅染料溶於 1 公升水中，加 5 滴乙酸，濾紙條用溫熱溶液浸漬後取出晒乾。 | 與無機酸作用變藍色，pH 值變色範圍為 3.0~5.2。 |
| 酚酞試紙（白色） | 將 1 克酚酞溶於 100 mL 乙醇(95%)中，搖盪溶液加入 100 mL 水，將濾紙條浸泡，取出後於無氨氣處晒乾。 | 在鹼性介質中變成紅色。 |
| 石蕊試紙（紅、藍） | 用熱的乙醇處理市售石蕊以除去紅色素。殘渣 1 份與 6 份水浸煮並不斷攪拌，濾去不溶物。將濾液分成兩份，一份加稀硫酸至變紅，另一份加稀 NaOH 至變藍，然後以此溶液別浸漬濾紙條，取出後置於無酸鹼蒸氣房中晒乾。 | 紅色試紙在鹼性溶液中變藍。藍色試紙在酸性溶液中變紅。 |
| 乙酸鉛試紙（白色） | 將濾紙條浸漬於乙酸鉛溶液(3%)中，取出後在無 $H_2S$ 房中晾乾。 | 檢驗痕量硫化氫，作用時變黑。 |
| 碘化鉀—澱粉試紙 | 將 1.07 克碘酸鉀溶於 100 mL 的 0.05 M 硫酸溶液中，加入 100 mL 新配製的澱粉溶液(0.5%)，將濾紙條放入該溶液中浸透，取出晾乾。 | 檢驗一氧化氮、二氧化硫等還原性氣體，作用時變藍 |
| 鐵氰化鉀試紙及亞鐵氰化鉀試紙 | 將濾紙條浸入飽和鐵氰化鉀（或亞鐵氰化鉀）溶液中，取出晾乾。 | 與鐵離子或亞鐵離子作用呈藍色。 |
| 玫瑰紅酸鈉試紙 | 將濾紙條浸入玫瑰紅酸鈉溶液中(0.2%)，取出晾乾。使用前新製。 | 檢驗鍶，作用時生成紅色斑點。 |
| 鐵氰化物試紙 | 將濾紙條浸入飽和鐵氰化鉀（或硫氰化銨）溶液中，取出晾乾。 | 作用於高鐵離子生成血紅色。 |
| 碘化鉀—澱粉試紙（白色） | 於新配製的澱粉溶液(0.5%)中，加入 0.20 克碘化鉀，將濾紙條放入該溶液中浸透，取出於暗處晾乾，保存於密閉的棕色瓶中。 | 檢驗氧化劑如鹵素等，作用變藍。 |
| 氯化鈀試紙 | 將濾紙條浸入氯化鈀溶液中(0.2%)，取出於晾乾。乾燥後再浸入乙酸溶液中(5%)，取出晾乾。 | 檢驗二氧化碳，作用時變黑。 |

MEMO

CHEMISTRY EXPERIMENT
—Environmental Protection

1. 大華工專化工學會，化學實驗，82 年 7 月，儒林。

2. 方金祥，科學教育月刊，80 年 5 月，第 140 期，42～49。

3. 方金祥，科學教育月刊，81 年 11 月，第 144 期，69～73。

4. 方金祥，科學教育月刊，93 年 8 月，第 271 期，23～26。

5. 王萬拱、朱鐩君、李玉英、林耀堅、邱瑞宇、邱春惠、黃武章、張春燕，化學實驗，93 年 9 月，高立。

6. 王澄霞、陳朝棟，基礎化學實習，77 年 8 月，東大。

7. 王萬拱、朱穗君等，化學實驗，97 年 9 月，高立。

8. 北京大學化學系普通化學教研室（佘瑞琳校閱），普通化學實驗，84 年 8 月，藝軒。

9. 成功大學化學系，化學實驗，88 年 8 月，成大化學系。

10. 呂宜君、王凱平，化學實驗，92 年 6 月，永大。

11. 呂春美、張惠玲，化學技術實驗，92 年 10 月，新文京。

12. 邱智宏，科學教育月刊，89 年 10 月，第 233 期，70～72。

13. 吳振成，化學實驗，77 年 9 月，三民。

14. 張晉履，乙級化學士技能檢定術科測驗試題指南，1996 年 12 月，復文。

15. 郭偉明，圖解化學實驗，92 年 7 月，全威。

16. 陳明毅，化學實驗，79 年，眾光。

17. 陳秀娘、許瓊芳，化學，86 年 5 月，偉華。

18. 陳漢英，化學實驗，78 年 9 月，華興。

19. 陳素真、林月卿、林經綸等，化學實驗，93 年 10 月，新文京。

20. 莊麗貞，化學實驗（第二版），102 年 9 月，新文京。

21. 程恕人，科學教育月刊，70 年，第 41 期，35～39。

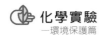

22. 彭耀寰、曾勘仁、黃秀英，專科化學實驗，65 年 7 月，大中國。

23. 彭耀寰、孟憲宏、洪家隆，化學實驗，84 年 5 月，大中國。

24. 廖建治、蔡永昌等，丙級技能檢定化學學術科通關寶典，102 年 1 月，台科大。

25. 劉雅麗，醫護化學實驗，1993 年，偉華。

26. 劉雅麗、陳有順、吳麗娟，醫護化學實驗，81 年 12 月，華杏。

27. 潘子明，化學實驗，83 年，華香園。

28. 雷敏宏、楊寶旺、廖得章，化學實驗，77 年 6 月，高立。

29. 蕭次融、方泰山等，科學教育月刊，75 年 1 月，第 86 期，35～36。

30. 蕭次融，科學教育月刊，77 年 12 月，第 115 期，28～36。

31. 蕭次融，科學教育月刊，78 年 3 月，第 118 期，4～7。

32. *http://www.nssh.tpc.edu.tw/natural/jenny/*

33. 化學技能檢定編輯工作室，乙級化學學術科快攻寶典試題全收錄，102 年 7 月，台科大。

34. 周芳妃，科學研習月刊，No.49~3, 12~15。

35. https://www.youtube.com/watch?v=AghOZSIAOXA，化學變、騙、辨，This is Chemistry!。

36. 國立中興大學化學系，普通化學實驗手冊，2015 年 3 月，第七版。

37. 國立中興大學化學系，普通化學實驗手冊，2018 年 3 月，進階版。

38. Frank X. Moerk, Modified methyl-orange indicator in titrating phosphoric acid and phosphates. American Pharmaceutical Association, 1921, 743.

MEMO

**CHEMISTRY EXPERIMENT**
—Environmental Protection

**CHEMISTRY EXPERIMENT**
—Environmental Protection

**CHEMISTRY EXPERIMENT**
—Environmental Protection

國家圖書館出版品預行編目資料

化學實驗－環境保護篇 / 廖明淵，沈福銘，駱詩
富編著. - 第七版. - 新北市：新文京開發，
2019.01
　　面；　公分

ISBN　978-986-430-470-7（平裝）

1. 化學實驗

347　　　　　　　　　　　　　　　107023883

## 化學實驗－環境保護篇（第七版）　　（書號：E077e7）

| | |
|---|---|
| 編　著　者 | 廖明淵　沈福銘　駱詩富 |
| 出　版　者 | 新文京開發出版股份有限公司 |
| 地　　　址 | 新北市中和區中山路二段 362 號 9 樓 |
| 電　　　話 | (02) 2244-8188（代表號） |
| Ｆ　Ａ　Ｘ | (02) 2244-8189 |
| 郵　　　撥 | 1958730-2 |
| 初　　　版 | 西元 2004 年 07 月 20 日 |
| 二　　　版 | 西元 2005 年 06 月 10 日 |
| 三　　　版 | 西元 2007 年 08 月 24 日 |
| 四　　　版 | 西元 2010 年 09 月 25 日 |
| 五　　　版 | 西元 2014 年 09 月 01 日 |
| 六　　　版 | 西元 2016 年 08 月 15 日 |
| 七　　　版 | 西元 2019 年 01 月 15 日 |